U0166117

河流底泥污染生态风险分析及疏浚深度研究

刘进宝　丁涛　著

中国水利水电出版社
www.waterpub.com.cn
·北京·

内 容 提 要

　　本书内容包括河流底泥重金属和多环芳烃检测方法、底泥污染物空间分布特征及污染评价、底泥重金属室内释放（浸出）实验和底泥疏浚深度确定方法研究。通过对浙江省部分河道进行布点采样，检测底泥中重金属和多环芳烃的含量，分析底泥中污染物总量和有效态含量在垂向上的变化特征。同时利用潜在生态风险指数法和平均效应区间中值商法对底泥污染物的生态风险和累积性进行评估。最后提出可供水利疏浚参考的河流底泥环保疏浚深度计算方法。本研究开展的河流底泥污染生态风险分析及疏浚深度研究工作，对于更好地指导我国开展河流生态疏浚工程具有积极的借鉴意义。

　　本书可供从事水利工程和环境工程等相关业务及科研工作人员参考。

图书在版编目（ＣＩＰ）数据

河流底泥污染生态风险分析及疏浚深度研究 ／ 刘进宝，丁涛著. -- 北京：中国水利水电出版社，2021.8
ISBN 978-7-5170-9767-9

Ⅰ. ①河… Ⅱ. ①刘… ②丁… Ⅲ. ①河流底泥－污染防治－研究②河流底泥－疏浚工程－污泥处理－研究
Ⅳ. ①X522②U616

中国版本图书馆CIP数据核字(2021)第150186号

书　　名	河流底泥污染生态风险分析及疏浚深度研究 HELIU DINI WURAN SHENGTAI FENGXIAN FENXI JI SHUJUN SHENDU YANJIU
作　　者	刘进宝　丁涛　著
出版发行	中国水利水电出版社 （北京市海淀区玉渊潭南路 1 号 D 座　100038） 网址：www. waterpub. com. cn E - mail：sales@waterpub. com. cn 电话：(010) 68367658（营销中心）
经　　售	北京科水图书销售中心（零售） 电话：(010) 88383994、63202643、68545874 全国各地新华书店和相关出版物销售网点
排　　版	中国水利水电出版社微机排版中心
印　　刷	北京瑞斯通印务发展有限公司
规　　格	184mm×260mm　16 开本　6 印张　146 千字
版　　次	2021 年 8 月第 1 版　2021 年 8 月第 1 次印刷
印　　数	0001—1500 册
定　　价	**68.00 元**

凡购买我社图书，如有缺页、倒页、脱页的，本社营销中心负责调换
版权所有·侵权必究

　　河道疏浚对河道沉积物中的多环芳烃、重金属和持久性有机物等污染物的去除具有十分明显的作用。疏浚深度是疏浚工程所要考虑的关键参数之一，疏浚深度过小，达不到行洪排涝和有效去除污染物的目的；疏浚深度过大，则会大大增加工程量，造成不必要的浪费，严重时会影响岸坡的稳定，对河道底部的生态及环境修复造成困难。目前国内外尚无确定疏浚深度的技术标准和规范，导致以改善环境为目标的环保疏浚与以河道整治为目标的工程疏浚往往各自为营，没有很好地融合。因此，开展河流底泥污染生态风险分析及疏浚深度研究工作，对于更好地指导我国开展河流生态疏浚工程具有十分重要的现实意义。

　　河流底泥重金属检测方法研究中提出了基于有机质梯度变化的重金属最佳消解体系，提高了重金属消解的回收率和检测的精确度，同时减少了酸耗，是一种符合环境保护要求、减少能耗的消解方法。分析了研究区域内河道底泥污染物在表层和垂向的空间分布特征和污染水平，并对底泥重金属污染进行了聚类和因子分析。底泥重金属室内释放（浸出）实验分析了底泥中重金属总量与可释放量之间的关系。本书引入 Hakanson 潜在生态风险指数法评估底泥重金属污染的潜在生态风险，并基于潜在生态风险评估结果，研究并提出了针对重金属污染的河流底泥疏浚深度的计算方法。借助 Edward R. Long 等人提出的平均效应区间中值商法，对河道底泥中多环芳烃（PAHs）的生态风险进行了评估，并以 PAHs 综合生态风险分级标准为依据，提出了针对 PAHs 污染的河流底泥环保疏浚深度计算方法。研究成果可为各级水利部门开展河流生态疏浚工程提供技术和成果支撑。

　　本书相关成果的研究工作得到浙江同济科技职业学院、中国计量大学、河海大学和浙江疏浚工程有限公司等单位的大力支持，在此一并表示感谢。本书在编写过程中参考了诸多文献，在此对相关作者表示真诚的感谢。

　　本书的出版得到浙江省基础公益研究计划项目（项目编号：LGF18E090009）资助，在此深表感谢。感谢田英杰、沈秋、王佳怡、胡来钢、凌昊、郭珍妮、后静等同学在河流底泥样品采集、重金属和多环芳烃污染物检测等方面所做的工作；同时感谢中国水利水电出版社韩月平社长在本书出版过程中给予的支持和帮助。

　　河道底泥疏浚深度研究是极其复杂的问题，由于作者水平有限，加之时间紧迫，客观条件有限，本书不足之处在所难免，恳请各位专家和同仁批评指正。

编者
2021 年 1 月于杭州

目录

第 1 章

绪　论

1.1　研究背景

随着经济发展和人口增长，工业废水及生活污水带来的环境问题日益严重，城市河道污染也在逐步加剧。底泥作为水体生态环境的重要组成部分，在水体环境中具有特殊的重要性。一方面，底泥作为污染物的富集场所，可以吸收水体中的污染物，减轻水体污染，但是当外界条件发生变化时，底泥也可以向水体释放污染物，造成水体二次污染。另一方面，底泥作为底栖生物的主要生活场所和食物来源，其中的污染物可以通过生物富集和食物链等过程最终进入陆地生物体内。因此，河道疏浚对河道沉积物中的营养物、重金属和持久性有机物等污染物的去除具有十分明显的作用，业已成为世界关注的热点问题。河道疏浚时除考虑水利疏浚的行洪要求外，也需兼顾生态和环保的要求。其中，疏浚深度是疏浚工程所要考虑的关键参数之一，疏浚深度过小，达不到有效去除污染物的目的；疏浚深度过大，则会大大增加工程量，造成不必要的浪费，严重时会影响岸坡的稳定，对河道底部的生态及环境修复造成困难。

目前，国内外尚无以改善水环境为目标的疏浚深度确定的相关标准和规范。以改善环境为目标的环保疏浚与一般工程疏浚往往各自为营，没有很好的融合。环保疏浚旨在去除河流表层沉积物中的污染物，达到水质改善和为水生生态系统的恢复创造条件的目的，一般用"拐点法"确定底泥疏浚深度，即从污染物沿底泥厚度方向上的垂向分布特征找出"拐点"（污染物浓度突然降低的点），以"拐点"以上的厚度作为疏浚深度。由于河道受来水、水土流失、污染负荷和地质条件的影响，污染底泥分布及污染厚度都极不均匀，常规等厚度采集的方法不能准确反映底泥污染实际分层特征，故在施工中存在一定的局限性。实际上，疏浚工程并非简单去除富含污染物的表层底泥，还需考虑底泥扰动、二次污染以及底栖生态系统的破坏等因素。一般工程疏浚主要包括航道疏浚和河道疏浚，航道疏浚旨在去除淤积的泥沙，增加通航水深；河道疏浚旨在提高排涝泄洪能力，改善输水条件。从水利疏浚来看，现有的中小河流治理的技术规范，更多的是考虑防洪标准约束下的疏浚规模，很少系统地考虑最大幅度减少底泥可能造成的二次污染所需达到的疏浚深度和规模。由此可见，环保疏浚与一般工程疏浚的工程目标不同，因此在疏浚深度的确定依据和方法上明显不同。较之一般的工程疏浚，环保疏浚对疏浚工程通常具有更高的要求，如底泥中污染物的垂向特征分析、疏浚深度的精确性控制、施工方式的环保性等方面。

因此，开展河道底泥污染调查和监测、底泥中污染物分布特征及污染程度分析，以及环保疏浚深度确定方法等系统化研究工作，对于更好地指导我国开展河流生态疏浚工程具有十分重要的现实意义。

1.2 研究现状

1.2.1 底泥中重金属和多环芳烃的主要检测方法

重金属是指原子密度大于 $5g/cm^3$ 的金属元素，如镉、铅、镍、锌、铜、铁等，大约有 45 种。虽然铜、锌、锰等元素是人体必需的微量元素，但大部分重金属如铅、镉、汞等并非生命活动的必需元素，如果超过一定浓度反而会对人体健康产生威胁[1-3]。多环芳烃是一类具有环境持久性、致癌、致畸、致突变的有机化合物[4-7]。由于多环芳烃的高脂溶性，易在底泥中蓄集累积，使得河道底泥成为重要的内部污染源，形成二次污染。沉积物中的 PAHs 可以影响上覆水体质量[8-10]，沿中上层和底层的食物链积累，并诱导导致生物群落的长期变化，对河道底泥中多环芳烃含量的控制十分重要。因此，需要对河流底泥中的重金属和多环芳烃污染物进行检测，掌握污染现状，以便对其进行控制，从而将重金属和多环芳烃对人体及环境造成的危害减少到最低。底泥重金属检测主要包括两个方面，即底泥样品的消解和消解液重金属检测，底泥样品消解也指样品的前处理，主要是将采集到的底泥中的重金属转化成无机盐的形式溶解到消解液中[11]，消解液重金属检测即是通过原子吸收光谱仪等仪器确定消解液中重金属的含量。河道底泥多环芳烃检测方法具体见第 2.2 节。

1. 消解方法

样品的消解是重金属检测的关键，消解方式影响着测定结果的准确性[12,13]，常见的消解方法主要包括三种：湿式消解法、微波消解法和干灰化法[14]。

湿式消解法是在常压下根据样品的性质，将一种或几种酸加入土壤样品中，通过电热板或别的外加热源的加热来增强分解能力，从而破坏样品中的矿物晶格和有机质，使待测重金属全部进入消解溶液中[15]，国外样品消解普遍采用王水消解，而我国则多采用混酸消解法[16]。湿式消解法的缺点在于消解过程中会产生大量的有害气体，危害人体健康和环境，而且消解耗时长，不密闭，重金属容易随高温气体挥发而造成损失[17]，但是该方法操作简便，能满足大批量样品的分析操作。田娟娟等[18] 分别采用电热板消解法和高压密闭罐消解法对土壤样品中 49 种重金属进行消解，电热板消解法的回收率结果显示电热板消解法可以满足 29 种重金属精确检测的要求，而高压密闭罐消解法适用于 20 种元素分析。

与传统的外加热方式相比，微波消解是一种内加热方法，样品和酸混合后，可以吸收微波能而产生深层加热[19]。刘雷等[20] 用微波消解法对赣南钨矿区尾砂库的土壤中 Cu、Pb、Zn、Cd、Mo、W、As、Ni 和 Cr 进行前处理，重金属加标回收率为 96.0% ～ 113.6%，回收率可满足要求。王晓辉等[21] 分别采用烘箱加热法、王水回流法和微波消解法对土壤样品中重金属进行消解，结果显示，烘箱加热法的缺点是受热不均匀、温度和压力不均，消解时容易造成样品的不完全溶解；王水回流法容易造成砷和镉定容后的消解液酸度大，且样品消解液中存在大量的氯，对砷的测定造成干扰；微波消解的平行性和重复性较好，试剂用量少，密闭消解避免了易挥发组分如 As、Hg 的损失，但是微波消解是在密闭条件下完成的，有机物和强氧化剂不能在消解罐中消解，而且溶液过多会产生很大压力，存在爆炸的危险，也不适合大量样品的快速分析，此外，土壤矿物中难溶晶格体系的消解需要加入氢氟酸，因此微波消解完成后还需要在消解液中再加入高氯酸，在电热板加热的条件下进行赶酸，此过程增加了消解时间，易造成待测元素的损失。

干灰化法是一种传统的样品处理方法，从历史来看干灰化技术早于湿灰化技术，但是二者在同时期内各有不同程度的发展，干灰化技术最早用于分解有机物，而后发展到生物样品身上[22]。干灰化是指在高温灼烧的条件下使待测物质分解灰化，再用溶剂将剩下的残渣进行溶解[23]。通常是将适量的样品放入铂金坩埚、瓷坩埚或者铁镍坩埚中，根据样品的性质加酸，再在马弗炉中高温分解数小时，将有机物氧化分解完全。许海等[24] 在550℃下对土壤标准样品 Cu、Zn、Pb、Cd 和 Cr 进行干灰化法消解，结果显示 Cu 和 Zn 含量在保证值的范围内，而 Pb、Cd 和 Cr 的测定值误差较大。干灰化法简单、快速，几乎可以被用来处理所有的样品[25]，但在灰化过程中，灰化时间过长或操作不当，容易造成元素损失或样品污染，会引起一些元素的挥发[26,27]，有些元素挥发后吸附在坩埚壁上转变成难溶物，也会造成元素回收率降低。

2. 重金属检测方法

常见的重金属检测方法包括：原子吸收光谱法、电感耦合等离子体质谱法、分光光度法、原子荧光光度法、电感耦合等离子发射光谱法、酶分析法、高效液相色谱法、生物传感器法和免疫分析法等[28]。

原子吸收光谱法（AAS，atomic absorption spectrometry）是通过基态待测原子的蒸气对光源中该元素的特征谱线的吸收强度而实现定量分析被测元素浓度的方法[29]，主要包括火焰原子吸收光谱法（FAAS，flame atomic absorption spectrometry）、石墨炉原子吸收光谱法（GFAAS，graphite furnace atomic absorption spectrometry）、氢化物发生原子吸收光谱法（HGAAS，hydride generation atomic absorption spectrometry）。AAS 的主要优点是：灵敏度较高，火焰原子吸收光谱法的灵敏度可以达到 10^{-10} g，石墨炉原子吸收光谱法的灵敏度可以达到 $10^{-14} \sim 10^{-10}$ g，所以适用于微量或痕量元素的定量分析；受外界影响相对较小，选择性好，因为每个元素有自己固有的能级，其气态基态原子只能吸收特定波长的光，而且原子吸收的带宽很窄，待测元素几乎不受共存元素的干扰，因此选择性很高；分析范围很广，可以测定超痕量、痕量和微量元素，目前可以检测 70 多种元素，包括金属元素、类金属元素、某些非金属元素和有机物。除此之外，分析速度快、操作简便、精密度和准确度高等优点，使其在重金属元素分析中应用广泛[30]。张辉和唐杰[31] 通过硝酸-高氯酸消解蔬菜样品，利用原子吸收光谱法测定蔬菜中的铁、锰、铜、铅和镉的含量，加标回收率为 94.0%～106%，结果令人满意。Ashraf 等[32] 分别采用 GFAAS 和 FAAS 测定罐装大马哈鱼、沙丁鱼和金枪鱼中的 Pb、Cd、Ni 等重金属的含量，回收率为 90%～110%，准确度和精密度都很高。但 AAS 也存在缺点，如需要先对样品进行复杂的预处理，消解过程往往需要很长时间，耗费大量酸，因此，探索一种无需对样品进行预处理的固体直接进样的现代仪器分析技术是未来的研究方向之一。

分光光度法是通过使待测重金属与显色剂充分反应，通过发生络合反应而生成有色分子团，在特定的波长内，有色分子团对该波长的光产生吸收，即产生吸光度，从而可对待测重金属进行定性分析。通过测定一系列待测重金属的标准浓度下的吸光度，得到浓度与吸光度的关系，从而对待测重金属进行定量分析，分析所用到的仪器是分光光度计[33]。刘延荣等[34] 通过多次实验，使不稳定络合物铜-双环己酮草酰二腙（BCO）与乙醛作用，生成的稳定的紫红色的铜-双乙醛草酰二腙络合物，用分光光度法测定[35] 时，取得的效果较好。罗雯等[36] 利用该原理测定人发中的微量铜，回收率为 95.3%～102.2%，且该方法的结果与 AAS 法所测的结果相同，显示了较好的准确性。

原子荧光光度（AFS，atomic fluorescence spectrometry）的谱线简单，干扰少，但是测定的元素有限。原子荧光光谱仪大多是国产化的仪器，操作简便、容易推广应用，其被广泛应用在环保、食品、冶金、地质等领域。氢化物发生-原子荧光光谱法主要应用在元素形态分析方面，且一直是非常活跃的研究领域[37,38]。

为了不断提高被测样品的灵敏度和准确度，近年来国内外许多学者应用各种联用技术，使仪器也得到了不断更新。王亚等[39] 利用高效液相色谱与原子荧光光谱法联用的技术，检测紫菜中的砷形态，效果令人满意。史建波等[40] 提出了一种基于气相色谱和原子荧光联用技术测定甲基汞的方法，通过优化进样口温度、载气流速等实验参数，得到最佳的仪器分析条件，实验结果显示甲基汞和乙基汞的检出限达到 0.005ng。关于重金属的检测还有其他很多种方法，比如高效液相色谱法、生物传感器法、酶抑制法等，但是这几种方法又有局限性，因此没有得到广泛的应用。

1.2.2　底泥重金属和多环芳烃污染评价方法

目前，国内外对河流沉积物重金属污染评价的方法很多，常用并且具有代表性的主要有单因子指数法、地累积指数（Muller 指数）法、内梅罗综合污染指数法、沉积物富集系数法、潜在生态危害指数法等，这些评价方法的适用范围不一，各具特色，且应用也各有局限性[41]。单因子指数法是一种以土壤背景值为标准对重金属的累积污染程度进行评价的方法，指数越大说明重金属累积污染程度越高，但是单因子指数法仅能反映特定污染区域内单一污染因子的污染特性，不能综合全面地反映所有污染物的污染程度，因此只是其他环境质量评价方法的基础[42]。地累积指数法（Igeo，index of geoaccumulation）是德国海德堡大学沉积物理研究所的科学家 Muller 提出的[43]，在欧洲被广泛采用，也曾被我国部分学者采用过。在评价底泥沉积物重金属污染时，地累积指数法综合考虑了人为因素、环境地球化学重金属背景含量、自然成岩作用过程中引起的背景值变动[44,45]，但是地累积指数法和单因子指数法一样都侧重于单一重金属，无法全面、综合地反映各种重金属的综合污染程度。沉积物富集系数法[46]（SEF，sediment enrichment factor）是由 Buat-Menard P 和 Chesselet R 提出的，主要用来评价底泥沉积物中重金属污染程度，该方法通过测定沉积物中重金属的含量来反映污染程度，沉积物中重金属富集系数越大，沉积物被重金属污染程度就越高[47]。潜在生态危害指数法[48]（PERI，the potential ecological risk index）是由瑞典地球化学家 Hakanson 根据重金属性质及其环境行为特点，从沉积学角度提出的，是目前评价底泥沉积物重金属污染最常用的方法之一[49]，也是我国众多学者在研究水体沉积物重金属污染评价时广泛应用的[50,51]。它将环境学、生物毒理学、生态学等方面的内容结合在一起，定量地划分出重金属的潜在危害程度。地累积指数法和沉积物富集系数法是对重金属的总含量进行评价的，仅可以一般性地了解重金属的污染程度，不能有效地分析重金属的迁移特性、来源及可能造成的生态危害，相对而言，潜在生态危害指数法在评价重金属污染方面综合体现了各类重金属可能造成的生态危害，但在确定毒性系数时具有一定的主观性，并未充分考虑到水环境中的各种参数（如 pH 值、Eh、碱度等）对重金属毒性的影响，也未考虑重金属不同存在形态对生物危害的差异，因此在计算重金属潜在生态危害指数时往往存在一定的误差。

近年来，国内外对湖泊、河流、海洋等沉积物中的多环芳烃进行了广泛的研究，在分布特征及生态风险的评估上取得了一定的进展。在表面底泥的分布上，世界各地如 Bahía Blanca Estuary（Argentina）[52]、中国台湾海峡西部等，都对表层底泥的 PAHs 浓度分布展开研究；在垂直上分布上，Chen 等在中国台湾高雄某码头、Basavaiah 等在孟买的相邻 Thane 小河[55] 所做研究中发现，PAHs 在垂向分布上并无规律可循，主要与自然及人为影响有关。为了确定合理的风险评价方法，Edward R. Long 等提出效应中值法（ERM）[56] 对沉积物中的多环芳烃进行生态风险评估，后又对该方法进行了改进，提出了基于 ERM 的平均效应区间中值商法（mean - ERM - q）[57]。现阶段国内外学者对河道沉积物中 PAHs 进行生态风险评估，发现大部分地区生态风险较高[58,59]。疏浚因为能够永久去除污染物，被普遍认为是一种有效控制底泥中多环芳烃含量的工程措施，其疏浚深度是河道生态疏浚工程中需要确定的关键参数。若疏浚深度过小，达不到有效去除多环芳烃等污染物的目的；若疏浚深度过大，则会大大增加工程量，造成不必要的浪费，严重时会影响岸坡的稳定，对河道底部的生态及环境修复造成困难。因此，确立合理的疏浚深度十分重要，然而现阶段对于以降低多环芳烃浓度为目标的疏浚深度的研究中，尚无明确的定量计算方法[60]。

1.2.3　底泥重金属和多环芳烃污染控制方法

国内外对重金属污染底泥的处理方法主要有底泥掩蔽修复技术、电动修复技术、化学淋洗技术、固化/稳定化技术、生物修复技术、环保疏浚技术等。

底泥掩蔽修复技术是指通过在污染底泥上放置覆盖物而将污染的底泥与水体隔离开的技术，这种方式可以防止底泥中的污染物向水体扩散[61-63]。底泥掩蔽修复技术最早是1978 年在美国进行的，随后日本、挪威、加拿大等国也相继采用这一技术。掩蔽修复技术的关键是掩蔽材料，目前主要采用的覆盖物有未污染的底泥、清洁砂子、灰渣、人工沸石水泥、方解石、粉煤灰等。与其他污染控制技术相比，掩蔽修复技术花费低，对水环境产生的影响小，但是需要大量的砂石等掩蔽材料。

电动修复技术主要是在污染的土壤或底泥两侧施加低压直流电场，利用电流场的电迁移、电渗流或电泳方式，达到分离重金属污染物的效果。目前我国电动修复技术还处在实验阶段，许多欧美国家如美国、加拿大、英国、法国等已经进入工程应用阶段，并在重金属污染较轻的河道底泥处理中取得了良好的效果[64]。Lageman[65] 对 Pb 浓度为 300～1000mg/kg、Cu 浓度为 500～1000mg/kg、面积为 210m² 的污染土壤进行修复研究，每天施加 10h 电压，43 天后，Pb 和 Cu 的去除率分别达到 70% 和 80%，效果良好。

化学淋洗是通过在土壤、沉积物中添加化学提取剂将重金属污染物提取出来的技术，它通过提取底泥中对生物有效的重金属来降低底泥中重金属的含量。目前使用一种淋洗剂去除单一重金属的技术已经实现，但同时去除多种重金属的技术还处于实验阶段。董汉英等[66] 利用不同化学淋洗剂对多金属污染土壤进行多步淋洗，有效地去除了污染土壤中的Zn、Pb、Cu、Cd 等。

固化/稳定化技术是指把污染物封装在惰性或低渗透的材料中，通过减少污染物暴露的淋滤面积，达到限制污染物迁移的目的。固化技术中通常采用的惰性基材有水泥、石灰火山灰、塑性材料、玻璃等。稳定化技术是指在污染物中加入试剂，通过改变土壤或沉积物的理化性质，利用吸附、沉淀等技术改变重金属的存在形式，降低重金属的迁移性和生物有效性[67]。

生物修复技术是指植物、动物和微生物修复技术，通过植物、微生物及某些低等动物如蚯蚓等对底泥中重金属的吸收作用，达到修复重金属污染底泥的目的。目前生物修复技术在我国还处在科研和实验阶段，并未广泛推广应用。

目前国内外学者在底泥环保疏浚方面的研究主要集中于清除底泥中的氮磷等营养物质、重金属及持久性的有机污染物。通常情况下，由于水域中污染沉淀物厚度不均，而且变化较大，疏浚时不仅要清除污染的底泥，同时也要避免超挖[68]。底泥疏浚是一种重要的湖泊环境重建技术，是治理湖泊内源污染的一种有效手段[69]。疏浚深度是环保疏浚的重要参数之一，目前环保疏浚深度的确定多采用拐点法。姜霞等[69] 在研究区域采集底泥柱状样品，并将样品由上至下依次分为氧化层、污染层、污染过渡上层、污染过渡下层和正常湖泥层，测定并分析了各分层底泥中重金属总量及生物可利用性形态含量随深度的变化趋势，再对底泥中的重金属进行生态风险评估，最后，采用拐点法推算出底泥的环保疏浚深度。河海大学的龚春生[70] 提出的以磷为目标的环保疏浚深度确定中指出利用磷的生物可利用性作为疏浚深度评判的标准，通过分析底泥中不同形态的磷，来确定疏浚深度。张润宇等[71] 以贵州红枫湖沉积物为研究对象，根据沉积物中含水量、孔隙度、磷形态与生物可利用磷的垂向分布规律，推算出了污染沉积物的环保疏浚深度。

目前，疏浚深度的确定方法主要有依据沉积物污染物在垂向上的分布特征采用拐点法判断数据深度[70-72]，以及依据吸附热力学的吸附/解析法[72] 判断疏浚深度等，但是这些方法仅仅针对沉积物中污染物的去除进行探讨，并未考虑到疏浚工程实施后对底泥产生的扰动作用[73]，在疏浚工程实施后，在上覆水和沉积物的作用下，新生的泥-水界面会发生一系列物理、化学和生物的变化[74]。同时每个水环境都有其独特的沉积物污染历史和分布特征，因此探讨底泥环保疏浚深度时需要针对每个具体的水体环境[75]。

第 2 章

河道底泥重金属和多环芳烃检测方法研究

2.1 河道底泥重金属检测方法研究

重金属在底泥中主要以有机结合、矿物结合态等方式存在，而底泥样品的消解正是通过在样品中加入强氧化性酸，通过高温加热使底泥中以各种形式存在的重金属以无机盐的形式溶解于待测溶液中。目前国内多采用《土壤质量 铅、镉的测定 石墨炉原子吸收分光光度法》（GB/T 17141—1997）[76]、《土壤质量 镍的测定 火焰原子吸收分光光度法》（GB/T 17139—1997[77]）、《土壤质量 铜、锌的测定 火焰原子吸收分光光度法》（GB/T 17138—1997[78]）中土壤沉积物重金属的消解检测方法，重金属消解的主要过程为：用分析天平称量（0.4000±0.0002）g 风干样品于 50mL 聚四氟乙烯坩埚中，依次加入盐酸 6mL、硝酸 5mL、氢氟酸 5mL、高氯酸 3mL，于电热板上消解。消解过程需要控制好温度和时间，温度过高、消解样品时间短及样品蒸干都会导致测定结果偏低。消解完毕后，加入 3mL 1+1 盐酸定容至 50mL 后过滤，最后将消解液转移至聚乙烯瓶中，置于冰箱中保存备用。

传统的土壤重金属消解主要是针对样品的全量消解，其中就包括了难以消解的矿物结合态重金属，而这部分重金属性质稳定，生物有效性很低，而且消解时往往因为需要耗费氢氟酸打开矿物晶格而造成污染，消耗更多酸的同时也耗费很长时间，因此也容易造成重金属的损耗，降低重金属的回收率。而有机质结合态重金属是土壤重金属的另一种重要形态，研究表明，重金属有机质结合态与有机质含量具有相关性，且重金属累积主要在有机质中。因此，本节通过研究不同有机质梯度的样品在不同消解酸体系下的消解结果，建立基于有机质梯度变化的重金属消解酸体系，以期提高底泥重金属消解的回收率和精确度，为底泥重金属的消解提供一种更加便捷、减少酸耗和保护环境的方法。

2.1.1 基于底泥有机质梯度变化的消解方法研究

1. 底泥样品采集

由于本书实验的样品需要有一定的有机质梯度，因此采样点主要布设在不同的水功能区内，包括杭州、桐乡、萧山、桐庐等地的鱼塘、湖泊、河流，采样点布设列于表 2.1。用活塞式沉积物采样器取表层底泥，装入密封袋中，并贴好标签带回实验室，风干研磨后，密封待用。

表 2.1 底 泥 采 样 点 布 设

采样编号	采 样 点	经 纬 度	
		纬度	经度
1	桐乡鱼塘	30°39′15″	120°31′49″
2	西湖 1 号	30°14′49″	120°07′40″
3	富春江支流 1 号	30°01′41″	120°01′03″
4	富春江 2 号	30°01′39″	120°00′28″
5	杨公堤花圃	30°14′50″	120°07′37″
6	知章村秦家桥河	30°06′16″	120°12′58″
7	知章村鱼塘	30°06′02″	120°12′49″
8	西溪	30°15′33″	120°03′44″
9	三墩西元桥	30°39′15″	120°31′49″
10	义桥大桥	30°04′36″	120°12′03″
11	湘湖三期	30°07′49″	120°12′44″
12	运河支流	30°19′27″	120°08′57″
13	湘湖一期	30°09′09″	120°13′52″
14	西湖 2 号	30°13′48″	120°08′11″
15	千岛湖 1 号	29°39′02″	119°04′42″
16	新安江支流	29°27′52″	119°15′28″
17	三江口支流	30°06′43″	120°11′13″
18	苕浦江	30°03′23″	119°57′38″
19	富春江支流 3 号	30°03′13″	119°56′52″
20	平湖长塘许家桥	30°44′38″	121°01′49″
21	平湖工业园区江南桥	30°42′07″	121°16′09″
22	浦阳江支流	30°04′17″	120°11′07″
23	桐乡坛头桥	30°39′58″	120°30′32″
24	路平鱼庄鱼塘	30°06′24″	120°14′07″
25	高教西公园	30°16′39″	120°10′54″
26	胥口镇河	29°59′22″	119°41′8″

2. 底泥有机质检测及梯度划分

对 26 个不同水质条件下的底泥样品，检测其有机碳含量，有机碳检测方法为红外碳硫法。有机质与有机碳可以按式（2.1）相互转化：

$$m_{有机质} = 1.724 m_{有机碳} \tag{2.1}$$

式中 $m_{有机质}$——有机质含量；

$m_{有机碳}$——有机碳含量；

1.724——Van Bemmelen 因数，是有机质与有机碳含量转化的系数。

各采样点底泥有机碳含量显示于图 2.1 中，由于有机质与有机碳可以根据式（2.1）相互转化，为方便起见，本书以有机碳梯度代替有机质梯度，根据有机碳含量的自然梯度，选取其中 7 个样品作为实验样品，并配置了一个有机碳含量为 10％的样品，以此 8 个样品作为本实验的样品。实验样品的有机质含量情况列于表 2.2。

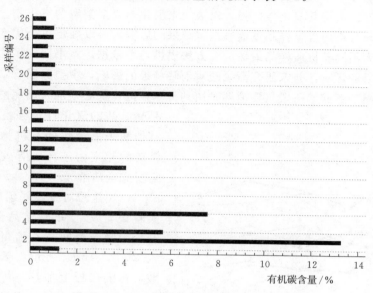

图 2.1　各采样点底泥有机碳含量

如表 2.2 所示，26 个采样点的底泥有机碳含量平均值为 2.34％，有机质平均含量为 40.42g/kg，不同水环境下底泥有机质含量差距很大，因此，根据有机质含量的自然梯度，将样品分为 8 类，以便探讨不同有机质梯度下 Cu、Zn 和 Ni 的最佳消解体系，表 2.2 列出了根据有机质梯度划分的 8 类样品。

表 2.2　　　　　　　　　　　　　样品有机质梯度的划分

序号	采样编号	样品名称	有机碳含量 /％	有机质含量 /(g/kg)	有机质含量梯度 /(g/kg)
1	15	千岛湖 1 号	0.49	8.45	0～8.45
2	22	浦阳江支流	0.69	11.90	8.45～11.90
3	12	运河支流	0.99	17.07	11.90～17.07
4	13	湘湖一期	2.54	43.79	17.07～43.79
5	3	富春江支流 1 号	5.66	97.58	43.79～97.58
6	5	杨公堤花圃	7.56	130.33	97.58～130.33
7	—	实验室配制	10.00	172.40	130.33～172.40
8	2	西湖 1 号	13.27	228.77	172.40～228.77

3. 消解体系中各因子对消解结果的影响

消解体系中不同因子所起的作用各不相同，盐酸在消解中的作用是辅助消解，即初步消解；硝酸是氧化性酸，是消解的主力酸，主要溶解金属氧化物，稳定待测离子，是氧化有机质样品最常用的酸；氢氟酸在消解中的作用是分解底泥矿物中处于难熔晶格体系的硅酸盐结合态的金属，是一种非氧化性酸，络合能力很强，常用于无机样品的分析，可以溶解硅酸盐；高氯酸由于沸点高，因此被用来赶走未完全挥发的氢氟酸，防止氢氟酸腐蚀玻璃仪器，另一方面由于其氧化性极强，也被用来消化未完全消解的有机物。研究消解体系中各个酸对不同有机质含量样品重金属消解结果的影响，可以确定每个梯度样品对不同酸的敏感程度，为不同有机质样品最佳消解方法提供参考依据。本书研究了盐酸、硝酸、氢氟酸对消解结果的影响，并未研究高氯酸对消解结果的影响，主要原因有二：一是高氯酸在消解中的作用是赶酸，一般只要消解时用到了氢氟酸，都必须加入高氯酸进行赶酸；二是高氯酸的氧化性极强，最后用来分解其他酸未能消解的有机物，而这些难以消解的元素由于环境有效性低往往并不需要完全消解。

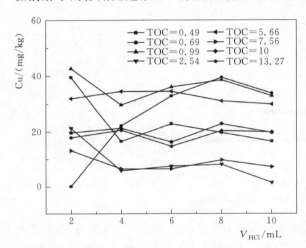

图 2.2　盐酸对 Cu 消解结果的影响

（1）盐酸对重金属消解结果的影响。实验设计为：每类样品分别称取 5 个 0.4g，置于聚四氟乙烯坩埚中，分别加入 2mL、4mL、6mL、8mL、10mL 盐酸，在电热板上加热，待坩埚中液体剩 2mL 时，取下坩埚，观察消解现象，冷却后，加水定容过滤，检测重金属含量。图 2.2 为盐酸对 Cu 消解结果的影响。

如图 2.2 所示，当只加入盐酸时，有机质含量低的样品对盐酸加入的多少较敏感，呈现出较大的波动，且最高值与最低值之间的差值为 10～40mg/kg。而有机质含量高的样品，即总有机碳 TOC 为 5.66～13.27 的样品，Cu 的消解结果波动较为稳定，基本维持在一定范围内，最高值与最低值的差值小于 5mg/kg。这主要是因为盐酸在消解中的作用是初步消解，仅能溶解一些结构简单的物质，但其氧化性不强，对于消解有机质所起到的作用并不大，因此对于有机质含量少的底泥样品，可以选择加入适量盐酸即可。

（2）硝酸对重金属消解结果的影响。实验设计为：每类样品称取 5 个 0.4g，置于聚四氟乙烯坩埚中，分别加入 2mL、4mL、6mL、8mL、10mL 硝酸，用电热板（100℃）消解，检测其中重金属含量。图 2.3 所示为硝酸对 Cu 消解结果的

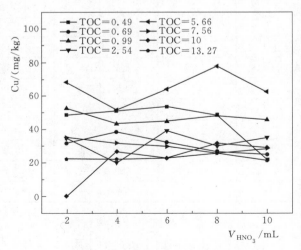

图 2.3　硝酸对 Cu 消解结果的影响

影响。

图 2.3 可以看出，Cu 的消解结果大体上呈现随着硝酸的增加而增加的现象，当达到一个峰值后，Cu 的含量又随着硝酸的增加而减少。这主要是因为硝酸的加入增强了消解能力，底泥中的以各种形态存在的重金属逐渐被消解，因此消解液中重金属含量逐渐增加，但是，硝酸加入量过多时，由于消解时间的增加，造成一部分重金属随着废气的蒸发而损耗，此时重金属含量呈现减少趋势。

（3）氢氟酸对重金属消解结果的影响。实验设计为：每份样品称取 5 个 0.4g，置于聚四氟乙烯坩埚中，分别加入 6mL 盐酸，电热板加热消解直至坩埚中液体剩余 2mL，再分别加入 5mL 硝酸，消解 30min 再向坩埚中分别加入 2mL、4mL、6mL、8mL、10mL 氢氟酸，最后加入 3mL 高氯酸，电热板消解完全后，过滤定容，检测其中重金属含量。图 2.4 所示为氢氟酸对 Cu 消解结果的影响。

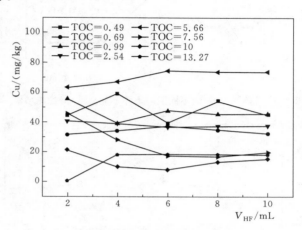

图 2.4 氢氟酸对 Cu 消解结果的影响

实验结果表明 TOC＝5.66、TOC＝13.27 时，Cu 的检测结果随着氢氟酸的加入先增加然后达到稳定。对于其他样品来说，Cu 的检测结果随着氢氟酸的加入而逐渐减少，这是因为伴随着氢氟酸加入量的增多，原本用少量氢氟酸已经消解完全的 Cu 又经过长时间的消解，元素随着废气的挥发而损失。

4. 最佳消解酸体系的确定

通过对盐酸、硝酸、氢氟酸对不同样品重金属消解结果影响的研究，可以看出，对于有机质含量较少的样品，可以选择仅加入适量盐酸，对于有机质含量多的样品可以选择加入硝酸，消解时氢氟酸的加入量需要根据样品的性质决定，加入过多反而容易造成元素损失。此外，影响重金属消解结果的主要因素有消解时间、消解温度、消解酸体系等，本书实验时的消解时间和消解温度视消解情况而定，以达到充分反应的目的。基于以上研究，本书探讨了在四种消解体系的条件下 Cu、Zn、Ni 的消解情况，分别为：

条件 1：样品中只加入盐酸，加入量分别为 2mL、4mL、6mL、8mL、10mL。

条件 2：样品中只加入硝酸，加入量分别为 2mL、4mL、6mL、8mL、10mL。

条件 3：样品中先加入 6mL 盐酸，再加入硝酸，硝酸加入量分别为 2mL、4mL、6mL、8mL、10mL。

条件 4：样品中先分别加入 6mL 盐酸和 5mL 硝酸，再加入氢氟酸，氢氟酸加入量分别为 2mL、4mL、6mL、8mL、10mL，最后加入 3mL 高氯酸。

最佳消解体系确定方法是：在满足回收率和精确度的条件下，若 $V = \min \{V_{HCl} + V_{HNO_3} + V_{HF} + V_{HClO_4}\}$，则 $S = \{V_{HCl}, V_{HNO_3}, V_{HF}, V_{HClO_4}\}$，$V$ 表示该体系消解时的总

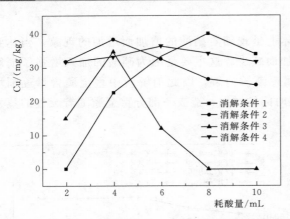

图 2.5　TOC=0.69 时不同消解条件下重金属 Cu 检测结果

酸耗，V_{HCl}、V_{HNO_3}、V_{HF}、V_{HClO_4} 分别表示消解时消耗的盐酸、硝酸、氢氟酸、高氯酸的体积。即当底泥重金属消解质量在满足回收率的情况下，可以确定最佳消解体系为耗酸总体积最少的一个体系。以 TOC=0.69 时的消解情况为例进行说明，图 2.5～图 2.7 所示为四种消解条件下 TOC=0.69 时不同加酸量对样品重金属的检测结果，表 2.3 为不同消解条件下重金属检测结果及回收率。

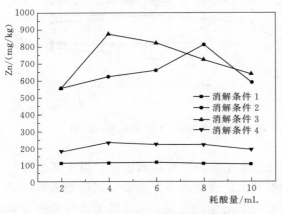

图 2.6　TOC=0.69 时不同消解条件下
重金属 Zn 检测结果

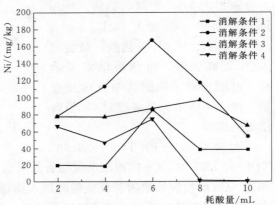

图 2.7　TOC=0.69 时不同消解条件下
重金属 Ni 检测结果

表 2.3　　　　　　　TOC=0.69 时，不同消解条件下重金属检测结果及回收率

消解条件	重金属	含量/(mg/kg)	消解酸体系/mL				总耗酸量/mL	回收率/%
			盐酸	硝酸	氢氟酸	高氯酸		
条件 1	Cu	40.04	8	0	0	0	8	105.29
	Zn	113.61	6	0	0	0	6	96.85
	Ni	85.15	6	0	0	0	6	89.29
条件 2	Cu	38.36	0	4	0	0	4	102.21
	Zn	797.82	0	8	0	0	8	98.96
	Ni	166.10	0	6	0	0	6	107.82
条件 3	Cu	35.03	6	4	0	0	10	98.24
	Zn	879.15	6	4	0	0	10	96.58
	Ni	96.31	6	8	0	0	14	92.13

续表

消解条件	重金属	含量/(mg/kg)	消解酸体系/mL				总耗酸量/mL	回收率/%
			盐酸	硝酸	氢氟酸	高氯酸		
条件4	Cu	36.71	6	5	6	3	20	91.35
	Zn	233.83	6	5	6	3	20	82.51
	Ni	73.37	6	5	6	3	20	91.79
国标法	Cu	34.96	6	5	5	3	19	80.33
	Zn	252.14	6	5	5	3	19	81.46
	Ni	45.29	6	5	5	3	19	89.22

根据图 2.5～图 2.7 首先得出每个条件下使重金属消解量最高的酸体系，然后比较各个消解体系的回收率，在满足回收率的条件下，选择耗酸量最少的一组为最佳消解体系。由表 2.3 可以看出，条件 1、条件 2、条件 3 的检测结果的回收率在 89.29%～107.82% 的范围内，而条件 4 和国标法测得的回收率较低，且所测数据普遍偏小。这是因为条件 4 和国标法消解时加入了过量的酸，导致消解耗费大量时间，造成了元素的损耗。当 TOC=0.69 时，在满足回收率要求的条件下，Cu 的最佳消解体系是 S= {0，4，0，0}，Zn 的最佳消解体系是 S= {6，4，0，0}，Ni 的最佳消解体系是 S= {0，6，0，0}。表 2.4 列出了不同有机质含量梯度下底泥重金属的最佳消解体系。

从表 2.4 可以看出，最佳消解体系总耗酸量在 2～19mL 的范围内，平均总耗酸量为 10.54mL，少于国标法中的 19mL，因此，最佳消解体系不仅提高了重金属消解的回收率和精确度，同时还减少了酸耗，也符合环境保护要求。但由于实验条件限制及采样样本的局限，本书仅研究了四种消解条件下重金属 Cu、Zn 和 Ni 的消解体系，在方法的使用上还存在一定的局限性。对于有机质含量低的样品可以通过加入盐酸的方式进行消解，对于有机质含量高的样品则需要加入多种酸。通过研究四种消解条件对 Cu、Zn、Ni 消解结果的影响，建立了基于有机质梯度变化的重金属最佳消解体系，结果显示所建立的最佳消解体系回收率在 90%～110% 的范围内，提高了底泥重金属消解的回收率和检测的精确度。

表 2.4　　　　　不同有机质含量梯度下底泥重金属最佳消解体系

有机碳梯度	重金属	消解酸体系/mL				总耗酸量/mL
		盐酸	硝酸	氢氟酸	高氯酸	
0～0.49	Cu	6	0	0	0	6
	Zn	6	8	0	0	14
	Ni	2	0	0	0	2
0.49～0.69	Cu	0	4	0	0	4
	Zn	6	4	0	0	10
	Ni	0	6	0	0	6
0.69～0.99	Cu	6	8	0	0	14
	Zn	6	2	0	0	10
	Ni	0	8	0	0	8

续表

有机碳梯度	重金属	消解酸体系/mL				总耗酸量/mL
		盐酸	硝酸	氢氟酸	高氯酸	
0.99~2.54	Cu	0	6	0	0	6
	Zn	0	4	0	0	4
	Ni	8	0	0	0	8
2.54~5.66	Cu	0	10	0	0	10
	Zn	0	10	0	0	10
	Ni	4	0	0	0	4
5.66~7.56	Cu	6	5	2	3	16
	Zn	6	4	0	0	10
	Ni	6	5	5	3	19
7.56~10.00	Cu	6	10	0	0	16
	Zn	6	4	0	0	10
	Ni	6	5	5	3	19
10.00~13.27	Cu	6	6	0	0	12
	Zn	6	10	0	0	16
	Ni	6	5	5	3	19

2.1.2　重金属检测

1. 仪器设置

样品消解完成后，采用原子吸收光谱法对 Cu、Zn、Pb、Cd、Ni 和 As 六种金属元素进行检测。本书实验检测的六种元素中，除 As 使用石墨炉原子吸收光谱法测定外，剩余五种元素均使用火焰原子吸收光谱法测定。实验所使用的原子吸收光谱仪如图 2.8 所示，火焰原子吸收光谱仪型号为 AA6300C（SHIMADZU），石墨炉原子吸收光谱仪型号为 GFA-EX7i（SHIMADZU），石墨炉进样采用自动进样，进样器型号为 ASC-6100（SHIMADZU）。表 2.5 为火焰原子吸收仪测定 Cu、Zn、Pb、Cd 和 Ni 的参数设置，表 2.6 为石墨炉原子吸收仪测定 As 的升温方式。

图 2.8　原子吸收光谱仪

Cu、Zn、Pb、Cd 和 Ni 的测定使用火焰原子吸光光谱法，其中被测元素基本光学参数设置见表 2.5。燃气为乙炔，流量控制在 0.09MPa，助燃气为空气，压力为 0.4MPa。

表 2.5 Cu、Zn、Pb、Cd、Ni 参数设置

金属元素	波长/nm	狭缝宽/nm	灯电流/mA	点灯方式
Cu	324.8	0.7	6	BGC－D2
Zn	213.9	0.7	8	BGC－D2
Pb	283.3	0.7	10	BGC－D2
Cd	228.8	0.7	8	BGC－D2
Ni	232.0	0.2	12	BGC－D2

由于土样中的 As 含量很小，一般都小于 0.5×10^{-6}，难以达到火焰的检出限，对此，应采用更为精确的石墨炉，检测参数设定为波长 193.7nm，狭缝宽 0.7nm，点灯方式 BGC－D2，灯电流 12 mA，灯位 2。加热升温方式见表 2.6。氩气压力为 0.35MPa，循环冷却水设置温度为 22℃。

表 2.6 石墨炉原子吸收仪测定 As 的升温方式

阶段	温度/℃	时间/s	加热方式	气体类型
1	150	20	RAMP	氩气
2	250	10	RAMP	氩气
3	600	10	RAMP	氩气
4	600	10	STEP	氩气
5	600	3	STEP	氩气
6	2200	2	STEP	氩气
7	2500	2	STEP	氩气

2. 检测方法

配制一定浓度范围内的 Zn、Cu、Ni、Pb、Cd 和 As 标准溶液，用原子吸收光谱仪测得重金属浓度与吸光度的标准关系曲线，见表 2.7，最后进样检测。

表 2.7 重金属浓度与吸光度的标准关系曲线

金属	标准曲线	拟合度（R^2）
Zn	Abs＝0.21896Conc－0.00057551	0.9995
Cu	Abs＝0.21896Conc－0.00057551	0.9995
Ni	Abs＝0.09766Conc＋0.27753	0.9996
Pb	Abs＝0.011813Conc－0.0003125	0.9999
Cd	Abs＝0.21896Conc－0.00057551	0.9995
As	Abs＝0.0032429Conc＋0.01437	0.9996

2.2 河道底泥多环芳烃检测方法研究

重点对美国环境保护署列出的 16 种优先控制的多环芳烃，包括萘（NaP）、苊（Aep）、二氢苊（AC）、芴（Flu）、菲（Phe）、蒽（An）、荧蒽（Fl）、芘（Py）、苯并（a）蒽（BaA）、䓛（Chry）、苯并（b）荧蒽（BbF）、苯并（k）荧蒽（BkF）、苯并（a）芘（BaP）、二苯并（a, n）蒽（DhA）、苯并（g, h, i）北（BghiP）、茚苯（1, 2, 3 - cd）芘（InP）。具体测定方法为：用电子天平准确称取 2g 样品于 22mL 玻璃离心管中，加入 10mL 二氯甲烷，摇晃均匀，置于水浴超声仪中超声萃取 1.5h 后放入离心机以 3000r/m 离心 10min，取 3mL 上清液过 2.5g 层析硅胶柱净化，并用二氯甲烷和正己烷（V/V，1/1）洗脱液 15mL 分三次洗脱。将洗脱液收集至 50mL 圆底烧瓶，加入 200μL 二甲基亚砜，在旋转蒸发仪上以 35℃ 恒温浓缩至干，用乙腈定容至 2mL，最后过 0.22μL 滤膜后用高效液相色谱（HPLC，安捷伦 1260）分析。用于苊的 UV 检测器的波长为 228nm，其他 15 种多环芳烃使用 FLD 检测器检测，波长列于表 2.8，检测多环芳烃的标准曲线如图 2.9 所示，标准公式见表 2.9，部分多环芳烃回收率见表 2.10。

表 2.8 　　　　　　　　　　　　**15 种多环芳烃的 FLD 检测器波长**

PAHs	激发波长 λ/nm	发射波长 λ/nm	PAHs	激发波长 λ/nm	发射波长 λ/nm
NaP	220	310	Chry	270	380
AC	225	315	BbF	255	420
Flu	225	315	BkF	255	420
Phe	244	360	BaP	255	420
An	237	460	DhA	230	400
Fl	237	385	BghiP	230	400
Py	270	380	InP	250	495
BaA	270	380			

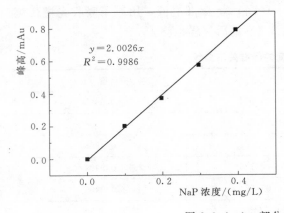
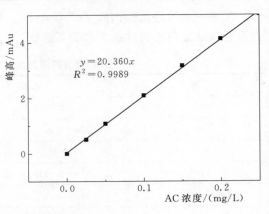

图 2.9（一）　部分多环芳烃的标准曲线

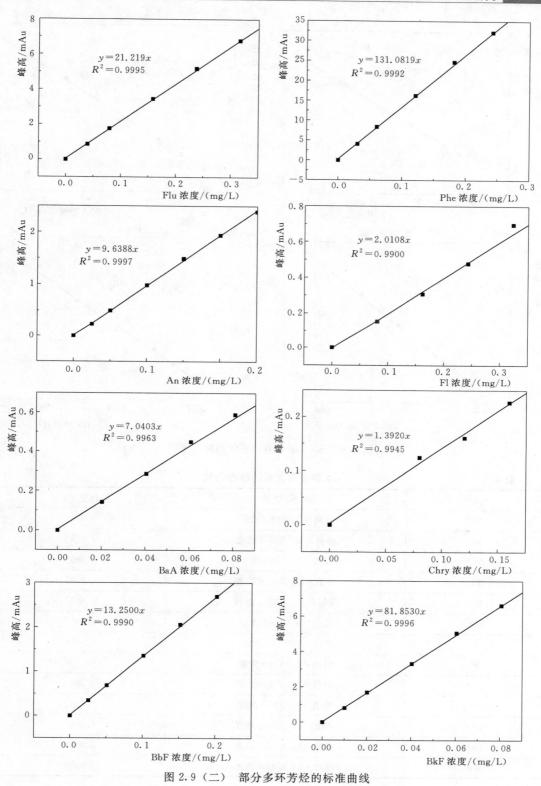

图 2.9（二） 部分多环芳烃的标准曲线

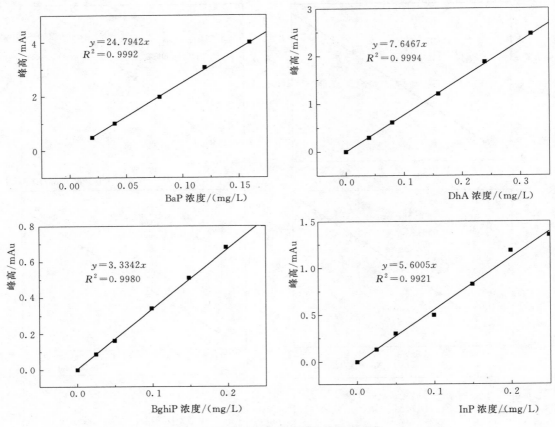

图 2.9（三）　部分多环芳烃的标准曲线

表 2.9　　　　　　　　　　　　　　16 种多环芳烃的标准公式

PAHs	标 准 曲 线	拟合度（R^2）
NaP	峰值＝2.0026×浓度	0.9986
AC	峰值＝20.3607×浓度	0.9989
ACY	峰值＝2.1314×浓度	0.9998
Flu	峰值＝21.2195×浓度	0.9995
Phe	峰值＝131.0819×浓度	0.9992
An	峰值＝9.6388×浓度	0.9997
Fl	峰值＝2.0108×浓度	0.9900
Py	峰值＝2.1314×浓度	0.9996
BaA	峰值＝7.0403×浓度	0.9963
Chry	峰值＝1.3920×浓度	0.9945
BbF	峰值＝13.2500×浓度	0.9990
BkF	峰值＝81.8530×浓度	0.9996
BaP	峰值＝24.7940×浓度	0.9992

续表

PAHs	标准曲线	拟合度（R^2）
DhA	峰值＝7.6467×浓度	0.9994
BghiP	峰值＝3.3342×浓度	0.9980
InP	峰值＝5.6005×浓度	0.9921

表 2.10　　　　　　　　　　　　　**部分多环芳烃的回收率**

PAHs	回收率	PAHs	回收率
AC	86.80％	BbF	84.81％
Flu	87.81％	BkF	85.85％
Phe	89.81％	BaP	84.77％
An	87.55％	DhA	84.91％
Fl	94.34％	BghiP	87.91％
BaA	81.13％	InP	92.62％

第 3 章

河道底泥重金属空间分布特征及污染评价

3.1 重金属污染调查和评价方案设计

本实验以杭州经济技术开发区、嘉兴平湖市区域内的河道作为研究对象来进行布点和采样，检测河道底泥和水体中重金属含量，分析其在河道底泥中平面和垂向分布特征及与二次污染之间的关系。本书重点对 Cu、Zn、Pb、Cd、Ni、As 六种重金属元素进行检测和分析。

3.1.1 河流底泥样品采集

1. 采样程序

利用底泥采样器采取各采样点的柱状底泥样品，对样品进行分层取样，即每 10cm 取一个泥样（图 3.1、图 3.2）。将采集好的样品放入密封袋中保存，做好记录后带回实验室自然风干。

图 3.1 平湖市对凤浜河道底泥采样图　　　　图 3.2 平湖市长塘河道底泥取样图

2. 采样仪器

采样仪器主要有：活塞式柱状沉积物采样器、水质采样器和自制旋转式内嵌管底泥采样器，如图 3.3～图 3.5 所示。

自制旋转式内嵌管底泥采样器，材质为铁质，内管直径为 1cm，外管直径为 1.5cm，实心尖头，最大采集底泥长度为 100cm。实际操作时可根据水深等实际情况通过螺纹连接多根延长杆，每根延长杆长度为 100cm。具体采样方法为：

图 3.3　活塞式柱状沉积物采样器

图 3.4　水质采样器

(a)采样操作图

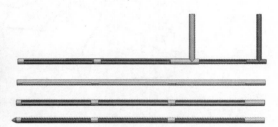

(b)剖面图

(c)实物图

图 3.5　自制旋转式内嵌管底泥采样器

（1）旋转内管的 T 形手柄使内管开口处与外管开口处完全错开，使内管腔闭合。

（2）将取样器垂直向下插入底泥所要求的深度，旋转内管的 T 形手柄使内管开口处与外管开口处完全重叠，底泥在压力的作用下进入取样器管腔。

（3）待管腔完全充满底泥后，旋转内管的 T 形手柄使管腔闭合。

（4）将采样器从底泥中取出，旋转内管的 T 形手柄使内管开口处与外管开口处完全重叠，根据研究需要，间隔一定距离（本研究中间隔为 10cm）采集底泥样品。

3. 采样点布设

对平湖市钟埭街道内的 10 条河道底泥进行采样，采样编号从 1 到 10 分别代表松北河、对凤浜、徐家浜、乌沙漾港、黄家汇、义项港、东港、韩家桥港、腾家桥港、长塘。采样点布设如图 3.6 所示。

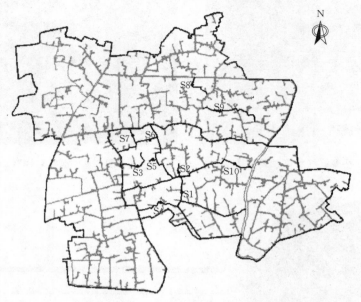

图 3.6　平湖市钟埭街道底泥采样点布设图

S1—松北河；S2—对凤浜；S3—徐家浜；S4—乌沙漾港；S5—黄家汇；S6—义项港；S7—东港；

S8—韩家桥港；S9—腾家桥港；S10—长塘

对杭州市经济技术开发区 12 条主干河道底泥进行采样，采样点布设如图 3.7 所示，采样编号从 1 至 12 分别代表经三河、北闸河、新建河、翁盘河、五一河、2 号渠、高教景观渠、1 号渠、护塘河、20 号渠、12 号渠、6 号渠。

3.1.2　重金属污染评价方法

国内外关于河流沉积物重金属污染评价方法很多，常用且具有代表性的主要有：单因子指数法、地累积指数法、沉积物富集系数法、潜在生态危害指数法等，这些评价方法各具特色，适用范围不一，应用也各有局限性。本书采用单因子指数法对河道底泥重金属污染程度进行评价，该方法是国内通用的一种评价河流沉积物重金属污染的方法，具有简单而直接的

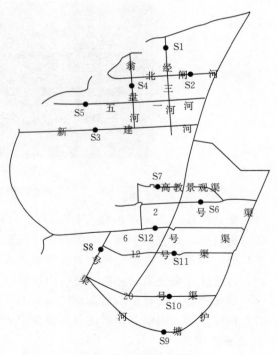

图 3.7　采样点布设图

特点。本书在评价时以土壤环境背景值、《土壤环境质量分级标准》（GB 15618—2018）中的土壤质量二级标准值、《农用污泥中污染物控制标准》（GB 4284—2018）中的污泥农用值为基准来评价重金属元素的累积污染程度。

本书中的土壤环境背景值参照《浙江省土壤地球化学基准值与环境背景值》中的研究成果[79]，该成果是浙江省地质调查院和中国地质科学院于 2007 年以浙江省农业地质环境调查取得的区域地球化学资料为依据，得到的浙北杭嘉湖与宁绍平原、浙东沿海温黄与温瑞平原、浙中金衢盆地的 52 种元素（氧化物）土壤环境背景值。由于环境污染的普遍性，此次通过调查研究获得的土壤环境背景值既包括自然背景部分，也可能包括少量外源污染物，这是当前的土壤环境背景值或本底值。

3.1.3　相关的重金属环境质量标准

《土壤环境质量分级标准》（GB 15618—2018）

《农用污泥中污染物控制标准》（GB 4284—2018）

《土壤质量　铅、镉的测定　石墨炉原子吸收分光光度法》（GB/T 17141—1997）

《土壤质量　镍的测定　火焰原子吸收分光光度法》（GB/T 17139—1997）

《土壤质量　铜、锌的测定　火焰原子吸收分光光度法》（GB/T 17138—1997）

3.2　平湖市河道底泥重金属污染调查与评价

3.2.1　平湖市河道底泥重金属监测结果

采用 3.1.1 节中的平湖市 10 个不同水质条件下的底泥样品进行污染评价。对平湖市河道底泥 Cu、Pb、Zn、Cd、Ni 五种重金属进行监测，监测结果见表 3.1，以土壤环境背景值为参照[79]，结果显示平湖市钟埭街道河道表层底泥重金属除 Cu 外，其余四种重金属均存在超过土壤背景值的情况。如以《土壤环境质量分级标准》（GB 15618—2018）中的二级标准为参照，则除 Cu、Pb 外，Zn、Cd、Ni 均存在超标情况。Cd 含量全部超过污泥农用值，而仅有一条河道底泥 Zn 超过污泥农用值，其余重金属均未超标。

表 3.1　　　　　　　　平湖市钟埭街道表层底泥重金属监测结果

采样点	采样深度/cm	重金属含量/(mg/kg)				
		Cu	Zn	Cd	Pb	Ni
松北河	0	12.43	128.39	4.72	46.31	54.71
	10	12.42	742.92	5.43	52.25	49.89
	20	14.72	977.85	5.99	33.31	21.20
	30	13.43	144.65	3.44	61.74	48.69
	40	16.13	119.25	3.47	109.17	49.89
	50	15.86	138.22	4.02	109.28	69.10
	60	10.14	144.84	3.34	101.29	120.57

采样点	采样深度/cm	重金属含量/(mg/kg)				
		Cu	Zn	Cd	Pb	Ni
松北河	70	12.42	159.90	4.22	80.73	57.08
	80	12.14	175.48	5.18	118.71	52.31
	90	15.55	564.87	5.21	165.04	66.63
徐家浜	0	10.14	985.96	7.01	195.12	76.24
	10	12.14	936.69	6.26	255.20	54.72
	20	10.43	781.89	5.66	195.22	81.08
	30	8.43	834.10	6.13	405.00	49.91
	40	11.84	447.08	3.80	374.81	66.63
	50	12.13	383.70	3.86	165.08	77.42
	60	8.14	467.18	3.79	104.71	58.29
	70	5.29	364.23	3.80	255.01	45.11
	80	19.56	456.50	4.36	165.04	77.40
乌沙漾港	0	18.71	572.01	4.27	194.76	69.10
	10	17.27	361.68	3.81	47.89	41.52
	20	19.84	454.80	3.78	182.39	48.69
	30	16.13	327.29	3.94	105.56	47.50
	40	16.71	410.84	3.83	105.59	49.91
	50	18.43	317.33	3.69	135.52	55.91
	60	18.42	257.01	3.55	167.34	59.47
	70	16.99	388.51	5.69	119.53	82.24
对凤浜	0	19.28	385.87	4.18	28.05	77.46
	10	17.41	292.23	4.57	23.72	58.26
	20	23.55	211.42	3.90	58.17	65.44
	30	24.98	209.00	4.21	15.11	72.62
	40	24.71	200.95	4.01	43.31	71.50
	50	23.56	160.69	4.05	33.68	51.10
	60	21.85	200.18	5.24	62.52	60.70
	70	24.98	171.20	4.43	177.71	37.93
	80	22.41	149.96	3.72	81.71	46.32
	90	30.41	290.51	7.16	120.12	75.04
	100	25.28	451.34	3.80	129.76	65.48

采样点	采样深度/cm	重金属含量/(mg/kg)				
		Cu	Zn	Cd	Pb	Ni
黄家汇	0	16.71	133.88	5.22	43.28	78.62
	10	18.84	248.76	6.28	91.29	49.90
	20	17.56	126.12	5.10	72.09	42.72
	30	15.28	228.51	5.51	4.87	29.56
	40	17.55	124.66	5.10	24.07	27.15
	50	15.71	233.35	6.06	57.08	37.95
	60	13.28	204.53	6.15	57.05	35.53
	70	12.71	208.86	6.10	35.33	29.55
	80	14.71	221.36	5.87	51.63	45.12
东港	0	21.85	217.42	6.03	67.93	27.17
	10	24.97	260.83	6.11	51.61	37.92
	20	24.69	267.56	5.78	40.76	34.34
	30	24.71	257.01	6.76	151.62	39.15
	40	17.86	260.58	6.82	222.96	28.38
	50	16.56	219.92	6.00	311.87	41.53
	60	18.14	221.23	5.95	187.23	52.21
	70	18.69	222.86	5.63	80.27	68.85
义项港	0	14.71	218.03	6.22	44.66	25.26
	10	16.14	221.36	6.58	115.98	20.14
	20	15.27	211.74	5.96	9.04	32.96
	30	16.70	235.39	6.09	14.91	26.55
	40	16.98	211.93	5.80	8.96	23.98
腾家桥港	0	18.42	260.52	6.22	14.90	68.85
	10	20.99	385.31	3.70	8.97	47.09
	20	16.13	451.79	3.81	26.79	17.56
	30	16.13	471.22	3.57	26.79	34.24
	40	6.72	424.56	3.68	14.92	8.60
	50	13.28	420.17	3.17	38.69	16.28
	60	13.28	485.11	3.36	14.91	39.37
	70	13.01	436.73	3.28	116.01	29.13
长塘	0	13.99	395.72	3.42	9.04	13.72
	10	15.55	383.24	3.20	204.94	32.88
	20	16.43	357.71	3.40	62.52	26.85
	30	13.29	562.42	4.12	98.13	1.06

续表

采样点	采样深度/cm	重金属含量/(mg/kg)				
		Cu	Zn	Cd	Pb	Ni
长塘	40	15.00	431.45	5.61	26.86	86.00
	50	15.57	386.01	3.31	26.87	20.78
	60	14.42	377.40	3.29	9.04	16.21
	70	16.43	357.07	3.07	98.13	4.08
韩家桥港	0	15.55	405.00	3.68	98.08	5.01
	10	13.84	451.03	4.21	9.04	14.70
	20	11.28	370.47	3.31	311.37	10.16
	30	11.85	372.70	3.49	21.04	13.19
	40	14.43	474.95	3.81	21.06	14.72
	50	14.42	377.40	3.53	21.04	75.33
	60	14.14	374.01	3.48	145.44	210.33
	70	19.42	413.65	3.55	435.68	8.64
	80	16.43	396.99	3.43	62.50	7.12
	90	20.41	393.03	3.76	186.89	143.62
土壤环境背景值[①]		40.8	110	0.206	38.2	41.1
土壤质量二级标准值[②]		100	250	0.3	120	100
污泥农用值[③]		500	1200	3	300	100

① 参照《浙江省土壤地球化学基准值与环境背景值》。
② 参照《土壤环境质量分级标准》(GB 15618—2018)。
③ 参照《农用污泥中污染物控制标准》(GB 4284—2018)。

3.2.2 表层底泥重金属空间分布特征及污染评价

1. 表层底泥重金属含量分析

图 3.8 为平湖市研究区域内河道表层底泥 Cu、Zn、Cd、Pb、Ni 含量,底泥中重金属含量由多到少排序为:Zn>Pb>Ni>Cu>Cd。以土壤环境背景值为参照[79],对平湖市钟埭街道河道表层底泥重金属含量进行分析,实测值/土壤环境背景值的计算结果列于表 3.2。

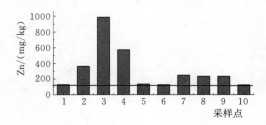
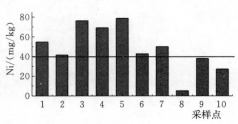

图 3.8(一) 平湖市钟埭街道河道表层底泥重金属含量图

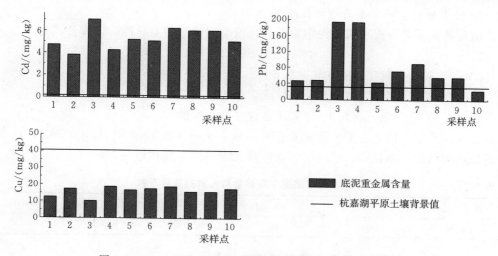

图3.8（二） 平湖市钟埭街道河道表层底泥重金属含量图

表3.2 　　　　　　　　　　表层底泥重金属实测值/土壤环境背景值

采样点	实测值/土壤环境背景值				
	Cu	Zn	Cd	Pb	Ni
松北河	0.30	1.17	22.48	1.21	1.33
徐家浜	0.25	8.96	33.36	5.11	1.86
乌沙漾港	0.46	5.20	20.31	5.10	1.68
对凤浜	0.47	3.51	19.92	0.73	1.88
黄家汇	0.41	1.22	24.87	1.13	1.91
东港	0.54	1.98	28.71	1.78	0.66
义项港	0.36	1.98	29.63	1.17	0.61
腾家桥港	0.45	2.37	29.63	0.39	1.68
长塘	0.34	3.60	16.30	0.24	0.33
韩家桥港	0.38	3.68	17.54	2.57	0.12
平均值	0.40	3.37	24.28	1.94	1.21

　　结果表明，平湖市钟埭街道河道底泥中重金属含量普遍偏高，以土壤环境背景值作为参照标准，平湖市10处采样点位表层底泥中的 Cu 含量均小于背景值，所有采样点 Zn、Cd 含量均超过背景值，部分采样点 Pb、Ni 含量超过背景值。Cu、Zn、Pb、Cd、Ni 五种重金属的平均超标倍数分别为 0、2.37、0.94、23.76、0.21，最大超标倍数分别为 0、7.96、4.11、33.03、0.91，其中 Cd 相对污染最为严重，污染程度排序为 Cd＞Zn＞Pb＞Ni＞Cu。以《农用污泥中污染物控制标准》（GB 4284—2018）进行评价，部分采样点底泥中 Cd 总量均超过该标准，表明底泥中重金属 Cd 含量水平对底泥农用构成显著障碍，成为限制底泥农用的重要制约元素。

2. 底泥重金属空间分布的均匀性分析

采用变异系数来分析表层底泥中重金属含量空间分布的差异性，计算公式为

$$CV = Sn/Ln$$

式中　CV——某重金属元素的变异系数；

　　　Sn——某重金属元素在 10 个采样点含量的标准差；

　　　Ln——某重金属元素在 10 个采样点含量的平均值。

由表 3.3 可以看出，各重金属元素变异系数大小顺序为 Zn＞Pb＞Ni＞Cd＞Cu，重金属的变异系数总体上都比较小，说明各重金属元素空间分布比较均匀。

表 3.3　　　　　　　　　　平湖市河道底泥中各重金属元素的变异系数

重金属	Cd	Pb	Cu	Zn	Ni
变异系数	0.18	0.85	0.17	0.87	0.37

3.2.3　底泥垂向重金属空间分布特征及污染评价

平湖市钟埭街道底泥重金属 Cu、Zn、Pb、Cd、Ni 的垂向分布如图 3.9 所示。由图 3.9 可知，重金属在垂向上存在累积作用。重金属含量变化与深度的垂直变化趋势基本相似，整体呈下降趋势，即上层底泥中重金属含量波动较大，随深度的增加而快速减小，下层底泥重金属含量随深度的变化明显变缓，逐渐达到稳定。但受不同时期人类生产活动产生的污染及河道整治影响，垂直分布曲线呈现出多种不规则形态，比如中层底泥含量突然变大等。可见重金属含量在底泥深度上的垂向变化实际上是历史不同时期污染状况以及人为河道整治的直接反映。

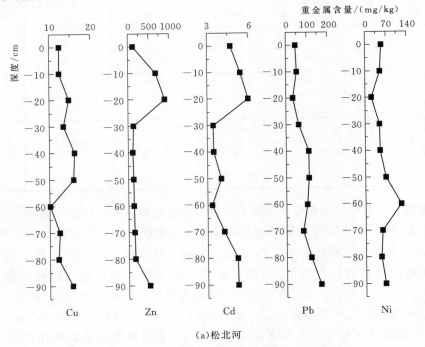

(a) 松北河

图 3.9（一）　平湖市钟埭街道底泥重金属含量垂向分布图

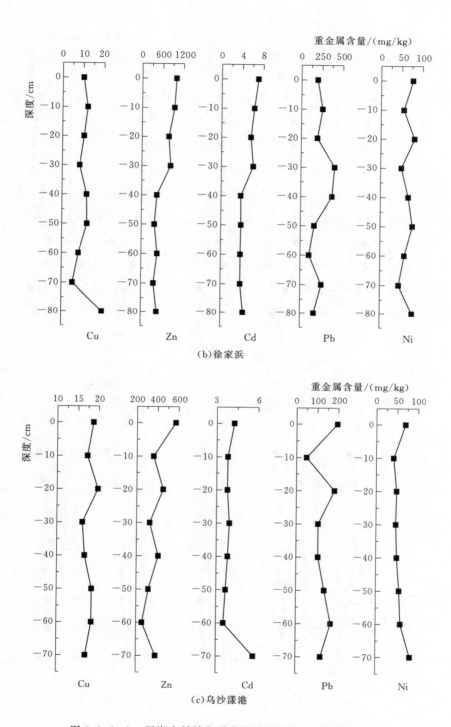

（b）徐家浜

（c）乌沙漾港

图 3.9（二） 平湖市钟埭街道底泥重金属含量垂向分布图

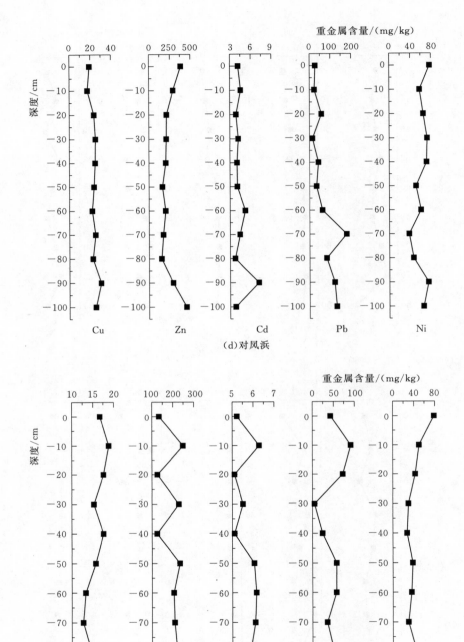

图 3.9（三）　平湖市钟埭街道底泥重金属含量垂向分布图

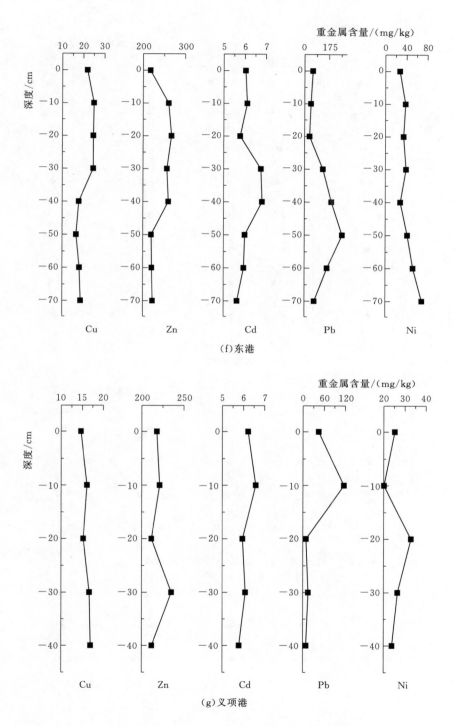

(f)东港

(g)乂项港

图 3.9（四） 平湖市钟埭街道底泥重金属含量垂向分布图

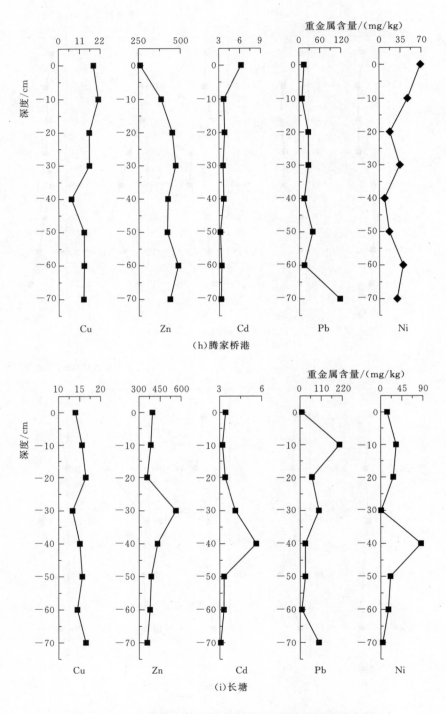

图 3.9（五） 平湖市钟埭街道底泥重金属含量垂向分布图

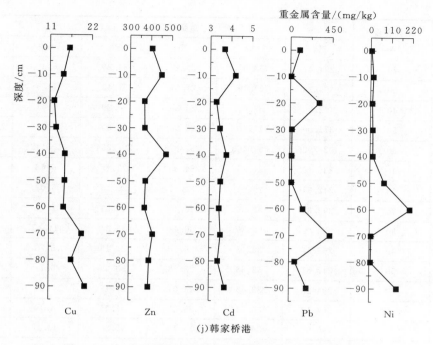

图 3.9（六） 平湖市钟埭街道底泥重金属含量垂向分布图

不同重金属含量在垂向上的变化规律并不完全相同，如松北河的 Cu 呈表层少，而后逐渐增加，深度为 40～50cm 时达到最大值，而后逐渐减少，深度为 60～90cm 处含量逐渐增加，但含量始终维持在稳定的范围内；而腾家桥港的 Cd 含量却是表面多，而后一直减少，最后趋于稳定；部分河道（如韩家桥港的 Ni）随深度增加重金属的含量变化较大，这主要是因为不同河道受到的人为扰动不同。总体来说，同一河道的不同重金属在垂向上的分布规律却基本相同，这主要与重金属在底泥中的累积有关。

3.3 杭州市河道底泥重金属污染调查与评价

3.3.1 杭州市河道底泥重金属监测结果

采用 3.1.1 中的杭州市 12 个不同水质条件下的底泥样品进行污染评价。监测结果见表 3.4，结果显示，杭州市经济开发区河道表层底泥重金属 As 含量均超过土壤环境背景值，Zn 和 Cd 多数超过；重金属 Cd 含量大部分超过了土壤环境质量标准值；部分河道 Cd 含量也超过了污泥农用值。

表 3.4　　　　　　　　杭州市经济开发区河道底泥重金属监测结果

采样点	采样深度/cm	重金属含量/(mg/kg)					
		Zn	As	Ni	Pb	Cd	Cu
经三河	0	421.79	35.48	25.55	25.05	3.42	15.12
	10	432.11	36.14	24.19	17.67	3.18	22.02

采样点	采样深度/cm	重金属含量/(mg/kg)					
		Zn	As	Ni	Pb	Cd	Cu
经三河	20	294.41	53.07	29.12	54.27	8.62	228.39
	30	306.28	27.19	27.51	31.43	1.53	105.29
	40	402.80	38.05	25.39	29.29	1.51	151.36
	50	371.00	27.54	25.00	21.89	2.47	27.57
	60	402.7986	38.0465	25.3873	29.2854	1.5142	151.3618
北闸河	0	238.19	31.25	24.36	32.47	6.68	26.99
	10	242.81	29.44	24.51	30.35	6.08	26.76
	20	393.38	35.55	26.45	15.54	2.11	26.85
	30	72.44	53.59	30.44	35.34	11.85	29.38
	40	263.68	30.18	26.23	27.18	6.75	0.30
	50	247.81	32.68	23.38	30.35	6.71	0.93
	60	294.23	33.48	24.04	27.17	6.59	0.90
新建河	0	267.18	35.24	25.23	30.35	4.10	29.67
	10	440.00	54.86	35.15	45.90	13.12	231.40
	20	397.15	30.69	26.21	13.42	2.82	24.82
	30	344.67	49.80	36.54	54.40	11.14	233.57
	40	287.75	31.12	25.18	35.65	6.18	2.61
	50	283.98	31.63	22.61	29.29	6.60	2.87
	60	284.61	39.38	23.58	31.40	4.38	7.21
	70	400.67	34.25	27.25	19.77	1.98	37.32
翁盘河	0	211.49	69.58	27.56	52.22	14.04	215.99
	10	210.27	33.19	24.44	17.65	3.16	35.78
	20	274.51	32.91	22.29	35.67	6.84	7.47
	30	292.75	31.70	26.08	26.13	6.25	4.66
	40	397.43	34.13	25.04	24.00	1.71	35.02
	50	256.69	35.79	23.37	29.29	6.91	2.36
	60	191.38	35.32	24.26	18.71	2.76	31.46
五一河	0	271.31	31.92	26.03	12.36	0.04	47.03
	10	296.07	36.64	23.86	24.02	4.30	15.13
	20	249.13	29.10	25.57	17.65	4.51	12.06
	30	289.55	40.72	25.13	28.23	4.43	11.80
	40	110.54	34.95	24.22	17.67	5.89	5.43
	50	411.17	39.48	22.21	31.40	3.73	8.73
	60	389.90	30.79	23.37	10.25	3.04	10.52
	70	260.38	42.49	34.02	43.80	13.96	214.16

采样点	采样深度/cm	重金属含量/(mg/kg)					
		Zn	As	Ni	Pb	Cd	Cu
2号渠	0	425.79	33.87	26.31	14.48	1.21	115.39
	10	163.17	34.53	25.89	30.35	5.64	11.54
	20	110.92	35.95	23.87	27.19	5.43	1.06
	30	413.63	32.85	24.63	16.60	2.61	16.40
	40	104.06	24.96	26.01	27.17	5.83	9.51
	50	404.90	58.40	28.18	58.66	13.80	214.76
	60	413.10	34.12	22.94	16.60	2.66	14.88
	70	417.04	36.14	22.83	14.48	3.11	1.51
	80	424.91	37.02	23.29	24.00	3.49	0.90
高教景观渠	0	455.76	34.39	40.55	52.56	1.90	1.06
	10	458.88	33.94	35.43	36.71	1.66	53.93
	20	445.51	35.64	27.22	52.56	0.89	70.76
	30	434.41	34.91	23.74	30.35	1.50	40.14
	40	340.96	37.35	27.09	54.71	2.55	34.29
	50	447.25	34.63	24.69	34.59	1.86	74.84
	60	454.11	40.99	24.92	27.19	1.54	35.05
	70	425.39	29.39	27.22	32.47	1.26	101.61
	80	438.53	26.96	24.84	32.46	1.99	106.24
	90	237.50	38.16	24.50	24.01	2.33	113.86
	100	442.99	34.47	25.24	24.02	2.16	113.86
	110	238.93	32.76	23.88	17.67	3.03	104.19
1号渠	0	467.75	35.08	33.86	36.71	1.33	118.51
	10	348.34	35.08	37.37	47.30	4.62	61.34
	20	456.73	35.13	28.45	20.85	2.80	56.77
	30	150.21	31.62	25.11	27.18	5.30	20.48
	40	297.60	36.14	23.00	19.77	4.00	27.62
	50	274.32	33.67	24.97	24.02	4.11	13.85
	60	112.40	31.89	26.58	33.55	5.42	13.59
	70	291.63	37.63	27.09	31.41	4.80	11.55
	80	114.73	32.31	23.64	13.42	5.76	2.36
	90	91.55	32.05	23.99	25.06	5.25	4.15
护塘河	0	398.82	31.67	23.98	19.78	1.31	16.40
	10	398.82	31.67	23.99	19.78	1.32	16.41
	20	266.12	40.39	23.93	29.29	5.11	5.93
	30	370.84	28.59	24.63	13.43	1.32	18.44
	40	257.69	33.52	25.23	31.40	4.34	13.58
	50	431.53	37.34	27.02	16.59	0.88	101.36
	60	232.24	35.32	26.53	20.85	2.57	41.43

续表

采样点	采样深度/cm	重金属含量/(mg/kg)					
		Zn	As	Ni	Pb	Cd	Cu
20 号渠	0	463.75	32.60	42.93	32.48	1.86	121.33
	10	459.64	29.45	37.17	46.21	2.12	301.72
	20	452.01	30.44	34.54	26.12	2.07	203.46
	30	310.08	37.05	25.42	24.02	2.66	156.00
	40	425.09	26.68	25.15	15.55	1.23	119.85
	50	432.25	30.91	23.93	20.84	0.94	108.81
	60	408.77	30.72	27.99	17.66	1.34	104.96
	70	370.09	32.93	23.89	24.02	1.85	97.60
	80	208.82	29.15	23.49	20.83	2.53	32.73
	90	429.46	35.54	23.49	19.78	1.45	14.88
12 号渠	0	468.24	34.09	127.41	39.88	2.68	493.64
	10	467.89	33.84	237.38	40.92	2.60	704.79
	20	244.25	37.61	30.82	27.20	5.15	9.52
	30	268.94	34.81	28.76	31.42	4.91	8.49
	40	410.38	32.10	28.78	32.48	3.92	17.16
	50	420.89	31.64	24.17	26.12	3.69	12.82
	60	421.09	35.76	21.15	25.08	3.24	5.94
	70	96.79	38.12	21.35	24.00	5.59	1.85
	80	399.65	33.83	21.39	14.48	2.38	10.27
6 号渠	0	449.10	35.17	26.60	29.31	1.67	1674.59
	10	456.63	36.47	38.16	36.71	2.39	2388.75
	20	463.87	41.66	43.90	44.12	1.09	1091.27
	30	453.40	40.93	32.41	28.22	2.13	2131.43
	40	427.48	35.36	27.93	22.96	0.82	822.83
	50	438.48	39.62	27.47	12.37	1.95	1950.49
	60	442.65	39.11	24.91	22.94	1.59	1594.20
	70	417.67	30.80	23.71	26.11	1.21	1209.27
土壤环境背景值[①]		110	10	41.1	38.2	0.206	40.8
土壤质量标准值[②]		100	30	100	120	0.3	100
污泥农用值[③]		1200	30	100	300	3	500

① 参照《浙江省土壤地球化学基准值与环境背景值》。

② 参照《土壤环境质量分级标准》(GB 15618—2018)。

③ 参照《农用污泥中污染物控制标准》(GB 4284—2018)。

3.3.2　表层底泥重金属空间分布特征及污染评价

1. 表层底泥重金属含量分析

对杭州市经济开发区河道底泥样品中的 Cu、Zn、Pb、Cd、Ni、As 六种重金属进行检测，重金属含量检测结果如图 3.10 所示。通过样品的分析结果表明，杭州经济技术开发区河道底泥重金属元素的含量普遍较高，含量由多到少排序为 Zn＞As＞Pb＞Ni＞Cu＞Cd。以土壤环境背景值作为参照标准，则六种重金属含量均超过土壤环境背景值。

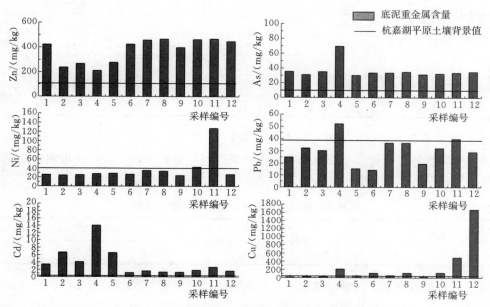

图 3.10　杭州市河道表层底泥重金属含量图

表 3.5 列出了杭州市河道底泥重金属含量的实测值与土壤环境背景值之比。从表 3.5 中可知，杭州市经济开发区河道底泥中重金属含量普遍偏高，尤其以 Cd 超标最严重。以土壤环境背景值作为对照标准，表层底泥中 Cu、Zn、Pb、Cd、Ni、As 的平均超标倍数分别为 4.87、2.44、0、15.28、0、2.67，最大超标倍数分别为 40.04、3.26、0.38、67.13、2.10、5.96，污染程度排序为 Cd＞Cu＞As＞Zn＞Ni＞Pb，其中 Cd、Cu 相对污染最为严重。以《农用污泥中污染物控制标准》（GB 4284—2018）进行评价，部分河道底泥中 Cu、Cd、Ni 的含量均超过该标准，表明底泥中重金属含量水平对底泥农用构成障碍，成为限制底泥农用的重要制约元素。

表 3.5　　杭州市河道底泥重金属含量实测值/土壤环境背景值

采样编号	采样点	实测值/土壤环境背景值					
		Zn	As	Ni	Pb	Cd	Cu
1	经三河	3.83	3.55	0.62	0.66	16.62	0.37
2	北闸河	2.17	3.13	0.59	0.85	32.45	0.66
3	新建河	2.43	3.52	0.61	0.79	19.90	0.73

采样编号	采样点	实测值/土壤环境背景值					
		Zn	As	Ni	Pb	Cd	Cu
4	翁盘河	1.92	6.96	0.67	1.37	68.13	5.29
5	五一河	2.47	3.19	0.63	0.32	0.19	1.15
6	2号渠	3.87	3.39	0.64	0.38	5.86	2.83
7	高教景观渠	4.14	3.44	0.99	1.38	9.21	0.03
8	1号渠	4.25	3.51	0.82	0.96	6.47	2.90
9	护塘河	3.63	3.17	0.58	0.52	6.39	0.40
10	20号渠	4.22	3.26	1.04	0.85	9.01	2.97
11	12号渠	4.26	3.41	3.10	1.04	13.01	12.10
12	6号渠	4.08	3.52	0.65	0.77	8.13	41.04
	平均值	3.44	3.67	0.91	0.82	16.28	5.87

2. 底泥重金属平面空间分布的均匀性

采用变异系数来分析表层底泥中重金属含量空间分布的均匀性，杭州市河道底泥中各重金属元素的变异系数见表 3.6。

表 3.6　　　　　　　　杭州市河道底泥中各重金属元素的变异系数

重金属	Cd	Pb	Cu	Zn	Ni	As
变异系数	1.13	0.41	1.97	0.26	0.77	0.29

由表 3.6 可以看出，各重金属元素变异系数大小顺序为 Cu> Cd>Ni>Pb>As>Zn，各重金属元素变异系数变化范围为 0.29～1.97，说明重金属元素空间分布均匀程度相差较大，这主要是因为不同河道所受污染来源不同，且受到较大的人为污染和自身扰动，使得各个元素含量的最小值和最大值差异较大。

3.3.3　底泥垂向重金属空间分布特征及污染评价

底泥重金属总量是评价水环境污染程度的一个重要指标，可以给出关于底泥中重金属富集的信息，反映底泥受重金属污染的状况。对河道底泥重金属垂向分布特征进行研究，可以确定各个重金属随深度变化的情况，为环保疏浚深度提供依据。对下沙河道柱状底泥样品中的 Zn、As、Ni、Pb、Cd、Cu 的含量进行检测，绘制出不同深度底泥重金属随深度变化的曲线图，如图 3.11 所示。

从垂向上看，由于位置及污染源不同，造成底泥重金属在不同河道中的分布情况略有不同，但底泥重金属含量在垂向上总体呈下降趋势，即表面多，达到一定深度后会逐渐减少，然后将维持在一个稳定的范围内。Zn 的含量一般在 60cm 深度附近开始趋近于稳定。Cu 的含量一般在 30～40cm 深度附近开始趋于稳定。Pb 的含量虽然均低于土壤背景值，但基本上也呈现上层多下层少的分布特征，一般在 40～60cm 处达到稳定。As、Cd 的含量均超过土壤背景值，基本在 40cm 开始趋于稳定。Ni 的含量基本上在 50cm 深度处开始趋于稳定。

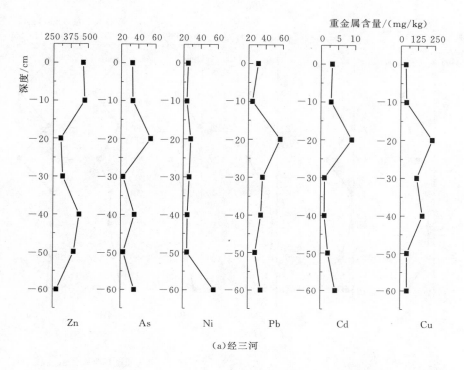

（a）经三河

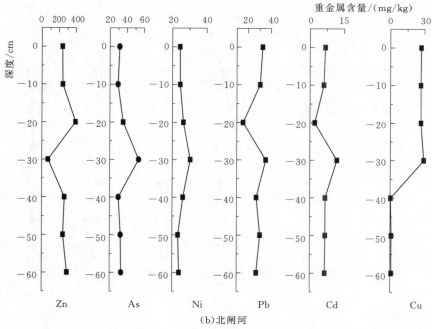

（b）北闸河

图 3.11（一） 杭州经济开发区河道底泥重金属含量垂向分布图

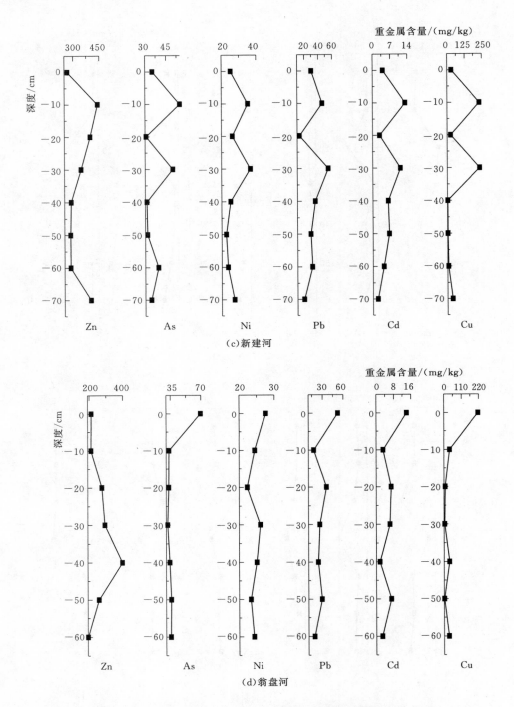

（c）新建河

重金属含量/（mg/kg）

（d）翁盘河

图 3.11（二）　杭州经济开发区河道底泥重金属含量垂向分布图

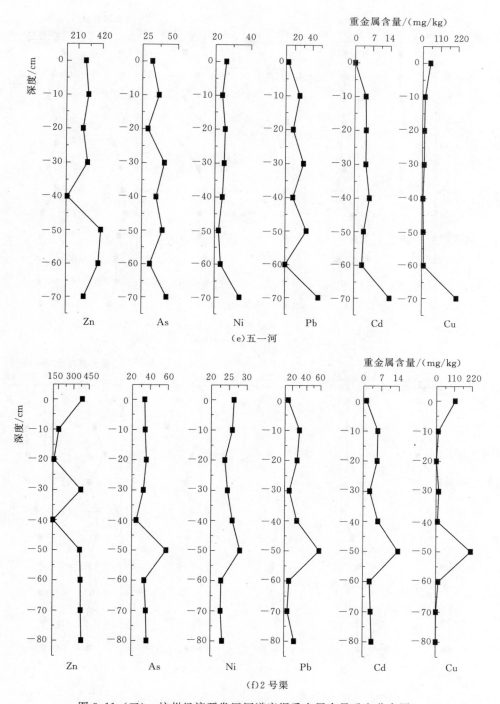

(e)五一河

(f)2号渠

图 3.11（三） 杭州经济开发区河道底泥重金属含量垂向分布图

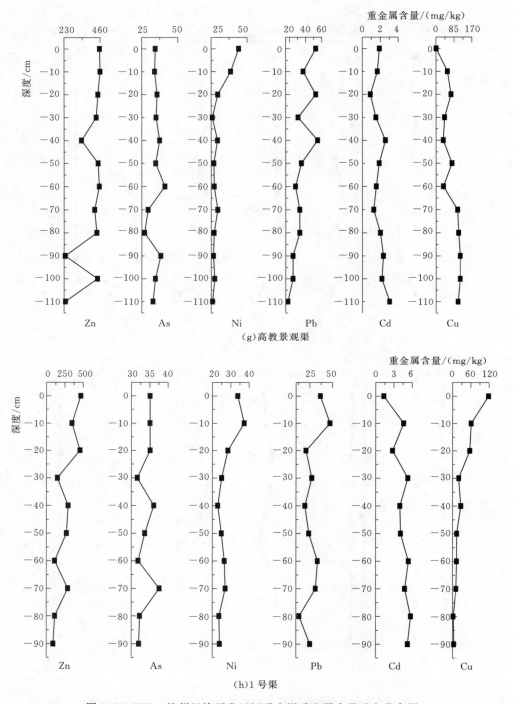

图 3.11（四） 杭州经济开发区河道底泥重金属含量垂向分布图

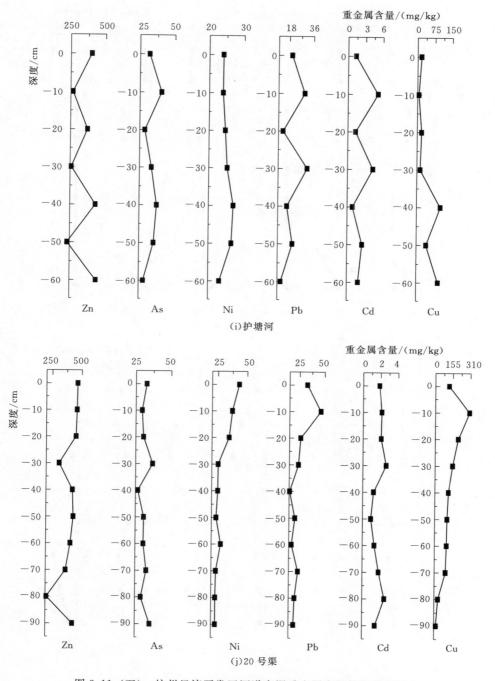

（i）护塘河

（j）20号渠

图3.11（五） 杭州经济开发区河道底泥重金属含量垂向分布图

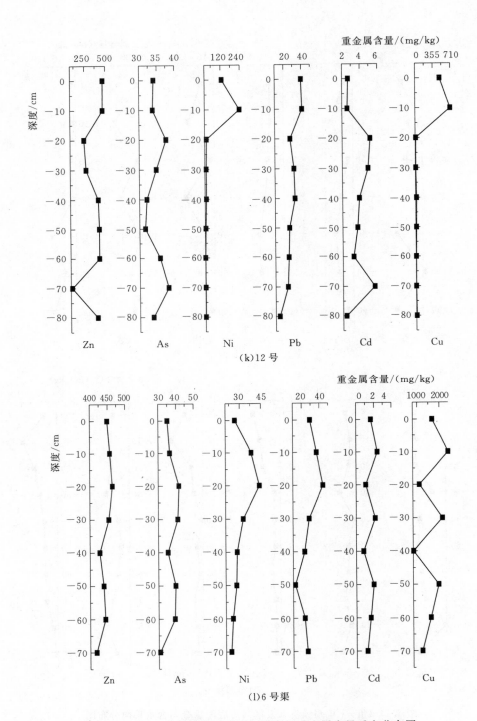

（k）12 号

（l）6 号渠

图 3.11（六）　杭州经济开发区河道底泥重金属含量垂向分布图

　　总体来说，下沙河道底泥中重金属含量随深度的增加而减少，表层含量最高，而后逐渐趋于稳定。有的取样点（如经三河）表层底泥的重金属含量比下层底泥小，这可能与多种因素有关，如河道整治、局部疏浚等。

3.3.4　底泥重金属模糊聚类及因子分析

1. 重金属聚类分析

　　土壤重金属来源于成土母质和人类活动，同种来源的重金属之间存在着相关性，土壤中重金属含量与土壤性质的相关性除受元素本身性质影响外，与元素所处的环境和来源有很大的关系。通过聚类分析可以综合评价采样点间污染状况及重金属元素的相似性及远近关系，可以更直观地反映沉积物中重金属的空间分布特点。本书以 Cu、Zn、Pb、Cd、Ni、As 含量为变量，以 12 个采样点作为个案，先将数据标准化到［0，1］范围内，采用欧氏距离法对距离进行测量，选择离差平方和法对变量进行 R 型聚类。

　　表 3.7 为重金属聚类过程表，平均欧式距离平方越小，表示被合并为一类的两个因子类型越相似，距离越大表示被聚为一类的两个因子的差异越大。图 3.12 显示的聚类过程共有 5 步，第一步，将距离最近的个案 2 和个案 6 聚成一类，第二步将个案 3 和个案 4 聚为一类，后者依次类推，最终绘制出重金属聚类分析树状图。

表 3.7　　　　　　　　　　重金属聚类过程表

阶段	群集组合		系数	首次出现阶群集		下一阶段
	群集 1	群集 2		群集 1	群集 2	
1	2	6	0.588	0	0	5
2	3	4	1.231	0	0	4
3	1	5	1.926	0	0	4
4	1	3	2.804	3	2	5
5	1	2	3.824	4	1	0

　　图 3.12 为下沙 12 条河道底泥中 Cu、Zn、Pb、Cd、Ni、As 这 6 种重金属元素的聚类分析树状图，从图中可以看出，聚类分析将 6 种重金属聚为 3 类，Zn、As 为一类，Cd、Pb 为一类，Ni、Cu 为一类。由于聚合为一类的元素具有显著的相关性，应受到同一因素影响。Ni 的含量与地球背景值联系密切，Cu 也主要源于自然地理因素，聚类分析将 Ni 和 Cu 聚为一类，说明 Ni 和 Cu 主要受地球背景值的影响，表层底泥重金属污染分析中 Cu 和 Ni 的超标率最低，也表明了这一点。Cd、Pb 主要来源于人为污染：Pb 来源于汽车燃料的燃烧，Cd 主要来源于冶金、电子及工业废料，同时农业过程不当施肥也间接造成了底泥 Cd 的污染，这也进一步解释了农业区底泥 Cd 的超标倍数高的原因。Zn、As 主要来自工业生产活动。杭州经济技术开发区作为工业生产基地，制造业发达，Zn 的主要来源是汽车轮胎老化磨损、车体磨损及冶金工业等，含有 As 或 As 的化合物作为原料制作玻璃、颜料、纸张、原药以及在工业生产中煤的燃烧都会产生含砷废水废渣，这些废水废渣排入河道，经过沉淀吸附累积在底泥中。

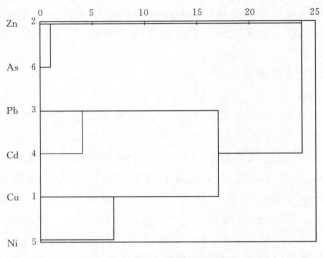

图 3.12　重金属聚类分析树状图

　　图 3.13 为 12 个采样点的聚类分析树状图，如图所示可以将采样点分为三类，S12 为一类，S11 和 S18 聚为一类，其余采样点为一类，这说明杭州经济技术开发区河道底泥重金属污染分布较为平均，并且 S11、S12 及 S18 均为工业区河道，说明工业区重金属污染较为突出。

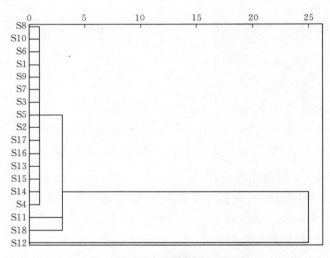

图 3.13　采样点聚类分析树状图

　　2. 重金属因子分析

　　聚类分析可以将重金属按照相同的性质进行分类，然后根据自然界中重金属的分布特征和各个行业排放重金属的特点，判别每类重金属的来源。而因子分析则是能把复杂关系的变量归结为数量较少的几个综合因子，综合考虑影响较大的几个因子，可以反映整个研究区域的重金属污染情况。对杭州经济技术开发区河道底泥重金属 Cu、Zn、Pb、Cd、Ni、As 含量进行因子分析，表 3.8 给出了因子贡献率的结果。前三个因子的特征值都大于1，并且前三个因子的特征值之和占总特征值的73.28%，因子贡献率分别为33.87%、20.14%、19.27%，因此，提取前三个因子作为主因子。

表3.8　　　　　　　　　　　　　　特征值和因子贡献率

因子	旋　转　前			旋　转　后		
	总特征值	方差贡献率/%	累积贡献率/%	总特征值	方差贡献率/%	累积贡献率/%
1	2.03	33.87	33.87	1.93	32.13	32.13
2	1.21	20.14	54.01	1.30	21.68	53.81
3	1.16	19.27	73.28	1.17	19.47	73.28
4	0.89	14.87	88.15			
5	0.58	9.70	97.85			
6	0.13	2.15	100.00			

图3.14为杭州经济技术开发区12条河道表层底泥重金属Cu、Zn、Pb、Cd、Ni、As的因子载荷图，由图可知，每个因子只有少数几个指标的因子载荷较大，因此将6个指标按高载荷分成三类：Cd、As在第一个因子上的载荷较大，Cu、Ni在第二个因子上的载荷较大，Zn、Pb在第三个因子上的载荷较大。Cd常见于农业生产中所使用的农药和化肥中，As主要存在于工农业废水中，因此因子1可能代表了由于农业生产中农药及化肥的过度使用而造成的污染。Ni主要受地球背景值的影响，Cu的超标率较低，但变异系数最大，说明下沙的河道底泥中Cu含量不仅受到地球背景值的影响，同时还受到了工业污染的影响，因此因子2可能代表了地球背景值和工业生产造成的污染。Zn的含量很高，Zn主要来源于汽车轮胎老化磨损、车体磨损及冶金工业，Pb来源于汽车燃料的燃烧，因此因子3可能代表了交通运输及冶金等工业造成的污染。

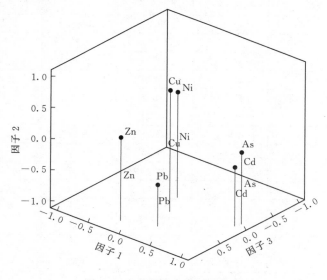

图3.14　底泥重金属因子载荷

3.4　不同水功能区河道底泥重金属污染调查与评价

采用第 2.1 节中表 2.1 的 26 个不同水质条件下的底泥样品进行污染评价。表 3.9 为钱塘江流域研究区域内河道表层底泥的 Ni、Cu、Zn、As、Cd、Pb 含量，图 3.15 所示为钱塘江流域河道表层底泥重金属含量图。以土壤环境背景值作为参照标准，在大多数采样点（除 18 号），Ni 含量浓度低于背景值，大部分采样点的 Cu 含量也低于背景值（4 个采样点除外），但比 17 号采样点的 Cu 含量浓度比起背景值高出近十倍。另一方面，大部分采样点的 Pb、Cd、As、Zn 含量都比背景值要高，尤其是 Cd。Cu、Zn、Pb、Cd、Ni 五种重金属的平均超标率分别为 4%、15%、50%、81%、58%，最大超标倍数分别为 9.90、3.86、2.23、15.74、3.34，同时平均浓度分别为背景值的 1.09、1.28、1.07、3.62、1.17 倍。其中 Cd 相对污染最为严重，污染程度排序为 Cd>Zn>Pb>Cu>As。

表 3.9		表层沉积物中重金属浓度			单位：mg/kg	
采样点	Ni	Cu	Zn	As	Cd	Pb
1	34.02	23.20	62.71	0.01	0.27	32.14
2	37.72	34.52	151.46	10.30	0.91	40.12
3	20.77	29.70	54.21	9.79	1.12	81.80
4	22.66	34.85	105.37	9.55	1.15	87.17
5	17.61	51.61	861.55	10.03	0.75	48.13
6	26.84	35.32	77.72	10.51	1.46	64.46
7	24.02	89.31	256.49	10.66	1.42	50.79
8	34.04	24.49	85.59	14.59	0.28	29.83
9	25.48	24.67	118.72	17.22	0.48	35.29
10	20.90	19.58	65.46	8.42	0.37	28.22
11	21.71	26.00	80.93	13.31	1.21	60.20
12	32.04	25.72	56.95	8.81	0.13	28.36
13	31.96	33.83	107.68	9.20	0.96	67.80
14	27.45	20.50	59.76	9.61	0.20	43.81
15	36.98	78.79	355.70	13.41	2.94	131.01
16	26.03	16.40	78.20	9.96	0.20	23.08
17	25.90	403.75	425.04	16.60	3.31	55.05
18	66.29	29.49	80.89	22.35	0.16	19.96
19	35.98	21.95	94.32	7.05	0.27	26.30
20	29.14	22.39	55.71	6.59	0.25	29.49
21	33.23	24.71	62.46	5.83	0.35	33.48
22	27.12	26.79	123.52	16.73	0.53	34.70
23	13.14	12.84	75.45	8.85	0.37	37.38
24	14.83	8.90	49.56	14.85	0.13	16.43
25	22.56	17.16	50.26	3.81	0.28	30.45
26	30.37	17.81	77.04	11.06	0.25	23.64

采样点	Ni	Cu	Zn	As	Cd	Pb
平均值	28.41	44.40	141.26	10.74	0.76	44.58
标准差	1.21	9.07	1.55	4.52	114.05	3.28

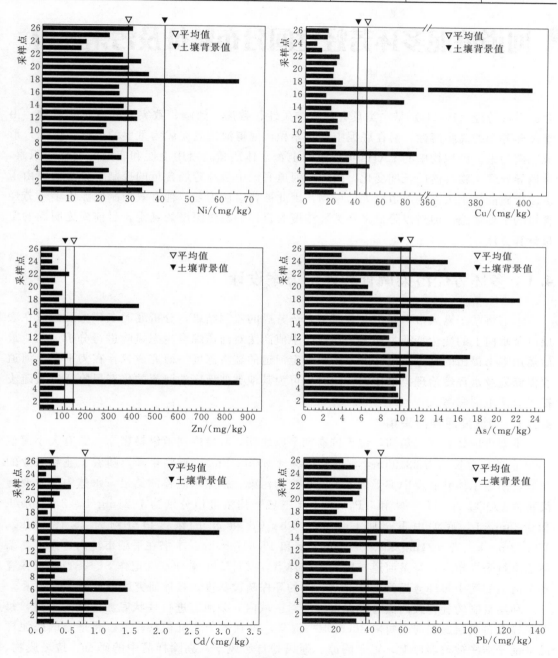

图 3.15　钱塘江流域河道表层底泥重金属含量图

第 4 章

河道底泥多环芳烃空间分布特征及污染评价

多环芳烃（PAHs）是一类具有环境持久性、致癌、致畸、致突变的有机化合物。由于多环芳烃的高脂溶性，易在底泥中蓄集累积，使得河道底泥成为重要的内部污染源，形成二次污染。沉积物中的 PAHs 可以影响上覆水体质量，沿中上层和底层的食物链积累，并诱导导致生物群落的长期变化，因此对河道底泥中多环芳烃含量的控制十分重要。由于疏浚措施能够永久去除河道底泥污染物，因此被普遍认为是一种有效控制底泥中多环芳烃含量的工程措施。但对以降低多环芳烃浓度为目标的疏浚深度的确定，目前尚无明确的定量计算方法。

4.1 多环芳烃污染调查和评价方案设计

本书将基于嘉兴市平湖市 9 条河道多环芳烃的监测结果，分析底泥多环芳烃含量在表层以及垂向上的变化特征，利用平均效应中值商法对河道综合生态风险进行分析评估，最后运用本书提出的临界疏浚深度方法来确定河道的疏浚深度。研究成果旨在为平湖市河道底泥修复及水环境治理提供依据，同时也可为其他类似地区的河流的生态风险评价及疏浚提供方法上的参考。

4.1.1 河流底泥样品采集

平湖市地处长江三角洲，位于杭嘉湖平原北部，其境内河道纵横密布，共有大小河道3000 余条，总长约为 2259km，河网密度为 $4.29km/km^2$。近些年来，随着工业和农业的发展，河道水体和底泥中都受到了不同程度的污染。根据水质检测结果，水体中的主要污染物为 COD_{Mn}、NH_3-N 和 TP，2014 年三者平均浓度值分别为 7.21mg/L、2.31mg/L 和 0.38mg/L，底泥中重金属 Cu、Zn、Pb、Cd 和 Ni 的浓度值分别为 16.18mg/kg、370.28mg/kg、74.21mg/kg、5.10mg/kg 和 49.61mg/kg。本书在平湖市境内选择了 9 条河道进行采样布点，每条河道布置一个采样点，共计 9 个采样点（记作 S1～S9），来探究各个河道底泥中多环芳烃污染情况及合理的环保疏浚深度。具体研究区域如图 4.1 所示。

利用自制的旋转式内嵌管底泥采样器对区域内 9 条河道进行柱状底泥样品的采集，每个采样点自表层底泥向下每隔 10cm 取一泥样，得到若干个沉积物样品。将采集的底泥样品平铺于洁净玻璃器皿上，置于阴凉、通风处自然风干，剔除样品中的砾石、垃圾废物、动植物残体等异物，接着将干燥的底泥置于干净的硬质纸板上，用玻璃棒将其压散，然后将样品过 20 目筛，选择筛下物质并对其运用四分法缩分，最后使用玛瑙研钵研磨至样品全部通过 100 目筛，将筛下物置于聚乙烯袋中密封储备。

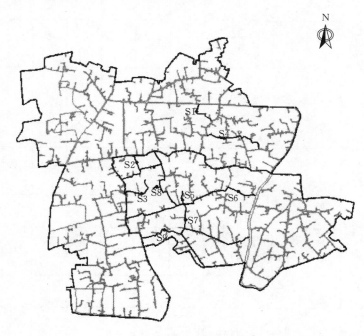

图 4.1　研究区域及采样点

S1—采样点 1；S2—采样点 2；S3—采样点 3；S4—采样点 4；S5—采样点 5；S6—采样点 6；
S7—采样点 7；S8—采样点 8；S9—采样点 9；

4.1.2　多环芳烃污染评价方法

该处采用基于 ERM 的平均效应区间中值商法（mean-ERM-q）[57] 对沉积物中的多环芳烃进行生态风险评估。平均效应区间中值商法（mean-ERM-q）是用于定量预测海洋和河口沉积物中多种污染物（金属、PCBs、PAHs 等）联合毒性的风险分析方法，后来国外学者把这种方法用于定量预测 PAHs 的综合生态风险中。现阶段国内外学者对河道沉积物中 PAHs 进行生态风险评估，发现大部分地区生态风险较高。

4.1.3　相关的多环芳烃环境质量标准

《土壤环境质量分级标准》（GB 15618—2018）

《农用污泥中污染物控制标准》（GB 4284—2018）

《土壤和沉积物　多环芳烃的测定 高效液相色谱法》（HJ 784—2016）

4.2　表层底泥多环芳烃空间分布特征及污染评价

研究区域内 9 处采样点（S1～S9）表层底泥样品中 PAHs 的测定结果见表 4.1。由表 4.1 可知，表面底泥中共检测出美国环保署（EPA）优先控制的 16 种多环芳烃中的 12 种，其中苊、芘、茚并（1，2，3-cd）芘和苯并（g，h，i）芘 4 种多环芳烃低于检测限。9 处采样点表面底泥中总 PAHs 含量的变化范围是 149.68～10296.87 ng/g。以 S1 河道的表

表 4.1　九条河道样品表层底泥中的多环芳烃浓度

单位：ng/g

PAHs	韩家桥港 S1 ng/g	韩家桥港 S1 %	东港 S2 ng/g	东港 S2 %	徐家浜 S3 ng/g	徐家浜 S3 %	腾家桥港 S4 ng/g	腾家桥港 S4 %	对凤浜 S5 ng/g	对凤浜 S5 %	长塘 S6 ng/g	长塘 S6 %	松北河 S7 ng/g	松北河 S7 %	黄家汇 S8 ng/g	黄家汇 S8 %	乌沙溇港 S9 ng/g	乌沙溇港 S9 %
NaP	9925.86	96.4	—	—	—	—	642.06	51.93	94.32	25.65	—	—	530.25	74.74	—	—	1311.14	56.87
AC	58.33	0.57	—	—	—	—	113.34	9.17	39.53	10.75	54.76	6.69	43.84	6.18	—	—	143.46	6.22
Flu	54.31	0.53	1.21	0.65	29.73	19.86	73.35	5.93	26.72	7.27	44.33	5.41	36.92	5.2	—	—	106.9	4.64
Phe	—	—	—	—	28.38	18.96	37.59	3.04	191.5	52.8	365.56	44.65	65.89	9.29	—	—	671.01	29.1
An	144.03	1.4	93.26	50.17	—	—	—	—	—	—	—	—	—	—	—	—	—	—
Fl	—	—	—	—	—	—	—	—	15.63	4.25	217.17	26.53	24.64	3.47	—	—	61.67	2.67
BaA	96.68	0.94	91.4	49.17	58.43	39.04	216.91	17.54	—	—	—	—	—	—	—	—	—	—
Chry	—	—	—	—	33.14	22.14	22.08	1.79	—	—	—	—	—	—	—	—	—	—
BbF	17.68	0.17	—	—	—	—	58.66	4.74	—	—	—	—	—	—	—	—	—	—
BkF	—	—	—	—	—	—	24.74	2	—	—	—	—	—	—	—	—	11.06	0.48
BaP	—	—	—	—	—	—	47.8	3.87	—	—	—	—	—	—	—	—	—	—
DhA	—	—	—	—	—	—	—	—	—	—	136.84	16.72	7.95	1.12	—	—	0.37	0.02
ΣPAHs	10296.87	100	185.87	100	149.68	100	1236.52	100	367.7	100	818.65	100	709.5	100	—	—	2305.61	100

注　"—"表示低于检测限。

52

面底泥为例，萘的含量占总多环芳烃浓度的 96.40％，为主要污染物。而二氢苊、芴、苯并（k）荧蒽的浓度则相对较低（小于 60 ng/g），分别占 0.57％，0.53％和 0.17％。图 4.2 为 9 处采样点位表面底泥中总 PAHs 含量的分布图。可以看出，各个河段表层土壤 PAHs 浓度有较大差异，含量最高河段为 S1，其次分别为：S9，S4，S6，S7，S5，S2，S3 和 S8 河道，其中 S8 所在河段的表面底泥中未检测出 PAHs。

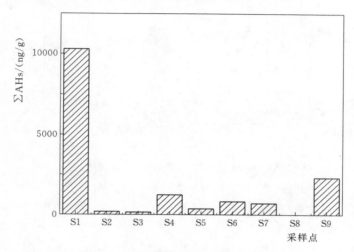

图 4.2　表层底泥中的多环芳烃总浓度

4.3　底泥垂向多环芳烃空间分布特征及污染评价

4.3.1　总多环芳烃的垂直分布特征

底泥样品中总多环芳烃的垂直分布特征如图 4.3 所示。随着深度的增加，河道底泥中的总多环芳烃浓度并未呈现出明显地上升或下降趋势。总体而言，S2，S5 和 S6 河道的总多环芳烃由高到低呈现出增加—降低—增加的趋势，而在 S1，S4 和 S7 河道中，总多环芳烃浓度随深度的增加表现出降低—增加—降低的趋势。因受不同时期人类生产活动产生的污染及河道整治的影响，垂直分布曲线呈现出多种不规则形态，比如中层底泥中含量突然变大等。可以推测 PAHs 在底泥深度上的垂向变化实际上是历史不同时期污染状况以及人为河道整治的直接反映。

4.3.2　不同河道多环芳烃的垂直分布特征

在所研究的 9 处采样点位中，S1 河道的污染最为严重，故本书以 S1 河道为例探究河道底泥中的 PAHs 垂向分布特征。S1 河道中不同多环芳烃在不同深度处的浓度变化如图 4.4 所示。S1 河道底泥中每种多环芳烃的含量在垂直方向上均呈现起伏波动，萘、二氢苊、芴、菲、苯并（k）荧蒽在深度 50cm、90cm 处浓度突然增加，菲在深度为 50cm、70cm、90cm 处也出现了较高的含量。从图 4.4 可以看出，萘、二氢苊、芴、苯并（a）蒽的浓度随深度变化的趋势基本一致。由此可以推断，在相应的时间段内，可能有重大的污染事故发生导致高浓度的多环芳烃蓄积。

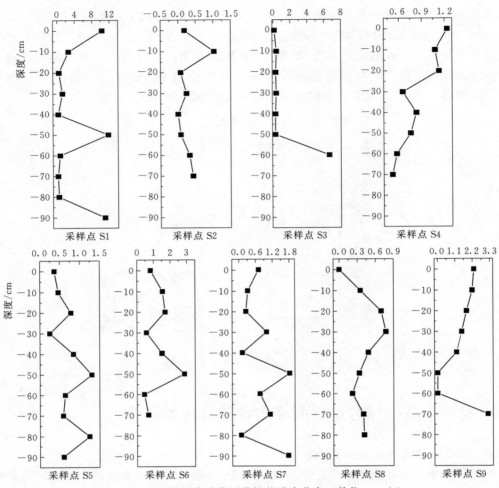

图 4.3　底泥样品中总多环芳烃的垂直分布（单位：μg/g）

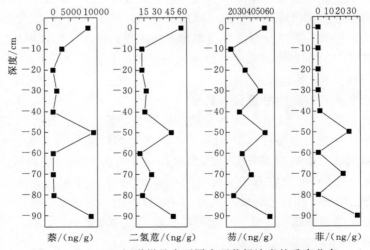

图 4.4（一）　S1 河道样品中不同多环芳烃浓度的垂直分布

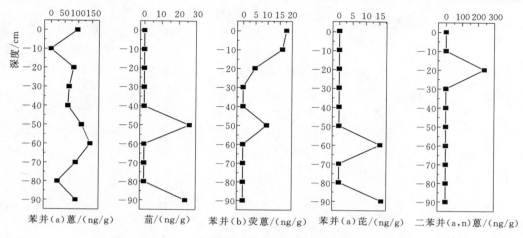

图 4.4（二）　S1 河道样品中不同多环芳烃浓度的垂直分布

其余 9 条河道底泥中的 PAHs 的垂向分布特征如图 4.5～图 4.12 所示。

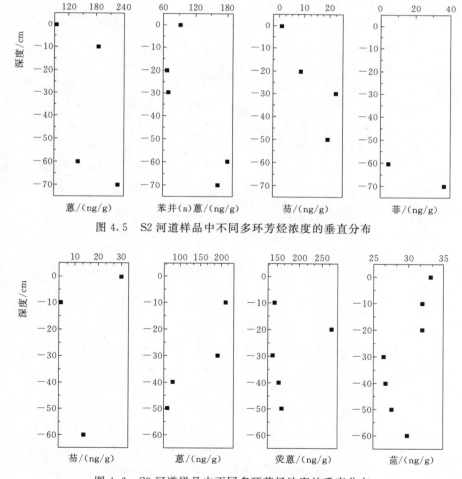

图 4.5　S2 河道样品中不同多环芳烃浓度的垂直分布

图 4.6　S3 河道样品中不同多环芳烃浓度的垂直分布

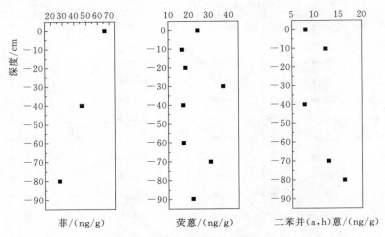

图 4.7　S4 河道样品中不同多环芳烃浓度的垂直分布

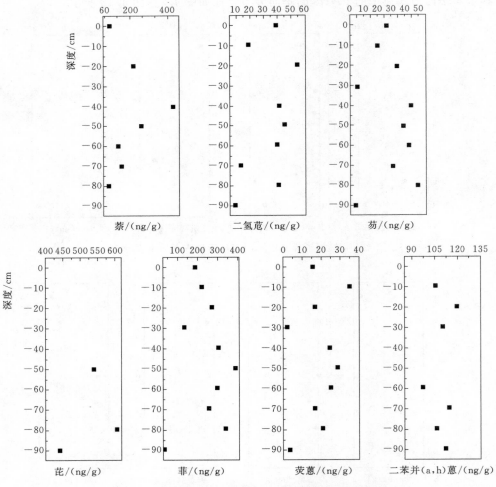

图 4.8　S5 河道样品中不同多环芳烃浓度的垂直分布

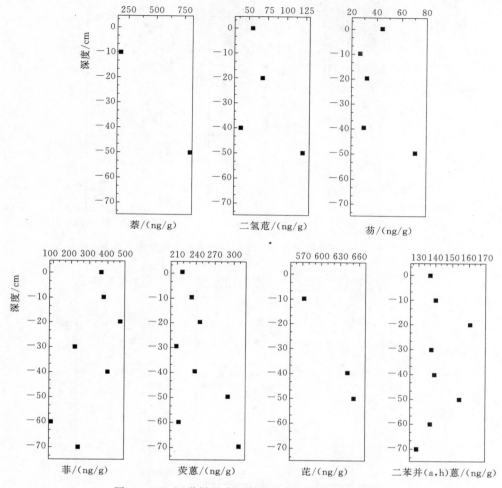

图 4.9　S6 河道样品中不同多环芳烃浓度的垂直分布

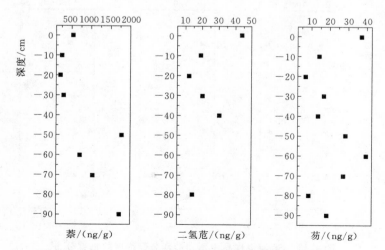

图 4.10（一）　S7 河道样品中不同多环芳烃浓度的垂直分布

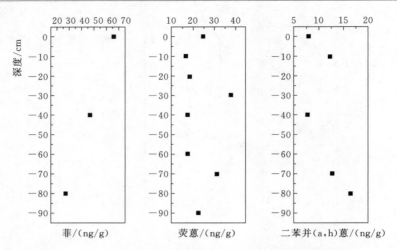

图 4.10（二） S7 河道样品中不同多环芳烃浓度的垂直分布

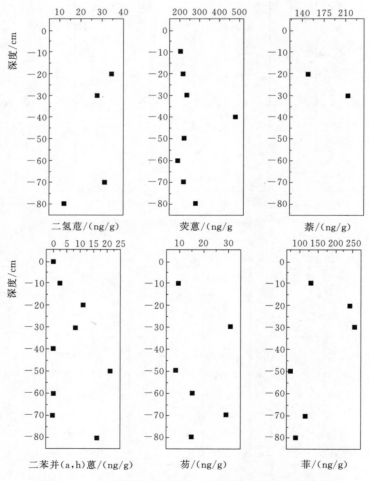

图 4.11 S8 河道样品中不同多环芳烃浓度的垂直分布

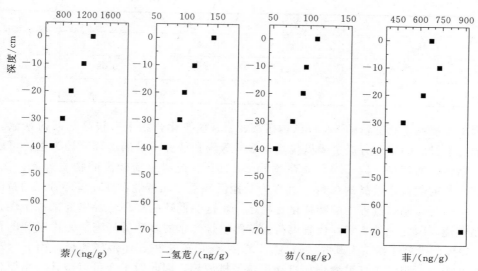

图 4.12　S9 河道样品中不同多环芳烃浓度的垂直分布

4.3.3　河道底泥多环芳烃的来源分析

多环芳烃的来源可以通过同分异构体的比值、定量分析的化学质量平衡法（CMB）和多元统计法来确定。本书采用因子分析方法对平湖市河道沉积物中多环芳烃进行分析，将数据降维，识别出少数几个基础变量来反映整个研究区域内多环芳烃的污染情况。使用统计分析软件 SPSS22.0，主成分的提取标准为特征根大于 1，并利用方差最大化的旋转方法来解释各因子的实际意义。因子负荷率列于表 4.2，前 4 个因子的贡献率分别为 32.47%、20.19%、16.60%、12.86%，其特征值之和占总特征值的 82.12%，因此提取前四个因子作为主因子，基本上反映了原有数据的主要信息。

表 4.2　　　　　　　　　　　　旋转后的特征值及因子方差贡献率

参数	因子 1	因子 2	因子 3	因子 4	因子 5
贡献率	32.47	20.19	16.60	12.86	9.80
NaP	0.87	−0.14	−0.16	−0.24	0.32
AC	−0.10	0.88	−0.17	0.33	−0.17
Flu	0.03	0.98	−0.07	0.14	0.02
Phe	−0.44	0.74	−0.31	−0.18	0.12
An	0.74	−0.24	0.60	−0.07	0.12
Fl	0.12	−0.01	−0.53	0.02	−0.72
Py	−0.63	−0.32	−0.47	0.14	0.34
BaA	0.36	−0.16	0.85	0.13	−0.16
Chry	0.97	−0.10	−0.03	0.18	−0.01
BbF	−0.08	0.06	0.05	0.98	−0.07

参数	因子 1	因子 2	因子 3	因子 4	因子 5
BkF	0.08	0.46	0.05	0.76	0.40
BaP	−0.22	−0.24	0.92	0.03	0.06
DhA	0.20	−0.04	−0.23	0.09	0.80

因子 1 解释了总变量的 32.47%，在萘、苊、蒽等化合物上有很高的载荷系数。由于石油源污染排放的多环芳烃主要以烷基化多环芳烃和低分子量的多环芳烃为主，可以将因子 1 归结为石油污染。因子 2 的贡献率为 20.19%，此时负荷较高的物质为芴、二氢苊、菲，其中芴的载荷系数高达 0.98，其次为其他低环数多环芳烃，高环多环芳烃的特征数则较小。而芴是煤制焦过程中的特征化合物之一，这些低环的多环芳烃主要来源于煤、木柴等低温燃烧。因此因子 2 实际代表煤与木柴等燃烧产生的多环芳烃来源。因子 3 的贡献率为 16.60%，代表性物质为苯并（a）芘、苯并（a）蒽这些五环多环芳烃，而五六环多环芳烃被认为主要来源于高温燃烧如机动车尾气排放等，因此因子 3 可以被认为主要代表机动车尾气排放产生的多环芳烃。因子 4 的特征值占总特征值的 12.86%，其中苯并（b）荧蒽与苯并（k）荧蒽的负荷值远高于其余化合物。则因子 4 可能是煤和石油燃烧释放的，考虑到水系的周边环境，也可能是由周边区域垃圾焚烧产生，释放至大气中的多环芳烃通过和各种类型的固体颗粒物及气溶胶结合在一起，经干、湿沉降进入水体及沉积物中。因子 2 和因子 4 可归为一类，即来源于低温燃烧产生的多环芳烃。

第 **5** 章

河道底泥重金属室内释放（浸出）实验研究

由现场调查分析可知，研究区域内河道表层底泥与上覆水体中的重金属含量的相关关系因重金属元素类别的不同而差异较大，且底泥重金属含量均指的是重金属总量，它包含了重金属在底泥中的各种结合形态。同时，由于底泥中重金属总量的高低并不能代表其对上覆水体环境影响能力的大小，如底泥中抗风化的黏土矿物的晶格中普遍存在金属离子，这在自然条件下是很难释放出来的，其环境效应甚微。因此，为进一步探究底泥重金属总量中有多少比例的重金属（重金属的有效态含量）能够释放进入到上覆水体中，对水体产生环境效应，本节设计了河道底泥重金属室内释放（浸出）实验。

5.1 实验方法

目前在评估重金属污染土壤的环境质量时，一般采用重金属的总量指标和环境质量生物学指标，然而总量指标难以反映土壤重金属的有效性，而生物学指标对气候、人为活动等外界条件的反应较为敏感，因此国外使用了一种比较简便、快速的方法——TCLP（toxicity characteristic leaching procedure）法。TCLP 是于 1986 年由美国环保局（EPA）正式推出并开始试行，1990 年 6 月 29 日正式批准纳入《美国联邦法规汇编》（40CFR）。时至今日，TCLP 仍是美国 EPA 唯一、法定的实验室测试程序。TCLP 的具体实验方法如下：

称量处理好的底泥样品 1g，加入 19.3mL 试剂水定容至 100mL，盖上表面皿，用手动搅拌（或者磁力搅拌器猛烈搅拌）5min，测定 pH 值，如果 pH＜5 加入 1 号浸提剂；当固体废弃物 pH＞5 时，加入 0.7mL 浓度为 1mol/L 盐酸，盖上表面皿，在烘箱中加热至 50℃，并在此温度下保持 10min 测定 pH 值，如果 pH＜5 则加入 1 号浸提剂，如果 pH＞5，则加入 2 号浸提剂。1 号浸提剂的配置方法为：加 5.7mL 的冰醋酸到 500mL 试剂水中，加 64.3mL 浓度为 1mol/L 氢氧化钠溶液，稀释至 1L，配置后的溶液的 pH 值应为 4.93±0.05。2 号浸提剂的配置方法为：用试剂水混合 17.25mL 冰醋酸至 1L，配置后的溶液的 pH 值应为 2.64±0.05。

在锥形瓶中放入称量好的泥样，加入需要的浸提剂。提取剂的用量是固液比为 1：20，即为 20mL，且整个浸提过程中不需调节 pH 值。将提取瓶固定在水平振荡器上，调节频率为（140±10）次/min，振幅为 40mm，在室温下振荡 18～20h 后取下提取瓶，静置16h。在振荡过程有气体产生时，应该定时在通风橱中打开提取瓶，释放过度的压力。

将提取瓶的溶液转入离心管中，将离心管对称地放入离心机中离心，设定转速为 3000r/min，离心时间为 10min。样品离心后提取上清液，将上清液装入离心管中，再用孔径为 $0.6\sim0.8\mu m$ 的滤膜进行过滤，再一次使固液分离，得到需要的溶液，该溶液可以进行石墨炉原子元素分析。

5.2　平湖市河道底泥重金属释放（浸出）实验

平湖市钟埭街道河道表层底泥的重金属浸出情况列于表 5.1。由表 5.1 可知，利用 TCLP 方法得到的表层底泥中 Cd、Cu、Zn 的浸出量分别为 $1.4441\sim1.4445\mu g/kg$、$0.0625\sim0.4915mg/kg$、$2.5639\sim13.7809mg/kg$，平均值分别为 $1.4443\mu g/kg$、$0.2894mg/kg$、$7.8176mg/kg$。

表 5.1　　　　　　　平湖市钟埭街道河道底泥重金属总量与浸提量

河道名称	Cd		Cu		Zn	
	总量 /(mg/kg)	浸提量 /(μg/kg)	总量 /(mg/kg)	浸提量 /(mg/kg)	总量 /(mg/kg)	浸提量 /(mg/kg)
东港	6.03	1.4441	21.85	0.1908	217.42	12.7173
义项港	6.22	1.4442	14.71	0.1611	218.03	8.0968
乌沙漾港	4.27	1.4444	18.71	0.2883	572.01	9.1910
徐家浜	7.01	1.4443	10.14	0.2217	985.96	2.5639
松北河	4.72	1.4442	12.43	0.3299	128.39	6.7775
黄家汇	5.22	1.4444	16.71	0.3608	133.88	9.9990
腾家桥港	6.22	1.4443	18.42	0.3121	260.52	7.3461
韩家桥港	3.68	1.4443	15.55	0.4915	405.00	13.7809
长塘	3.42	1.4445	13.99	0.0625	395.72	4.6155
对凤浜	4.18	1.4443	19.28	0.4749	385.87	3.0876

平湖市钟埭街道河道底泥重金属的有效态含量明显低于重金属总量，利用 TCLP 方法提取的河道底泥中 Cd、Cu、Zn 有效态含量分别占其底泥重金属总量的比例为 $0.021\%\sim0.042\%$、$0.447\%\sim3.161\%$ 和 $0.260\%\sim7.469\%$，平均值分别为 0.030%、1.827% 和 3.237%，可见重金属有效态含量在总量中的比例非常小。但从长期来看，由于重金属总量多，在一定条件下，如 pH 值等外界条件的变化，可能引起底泥中尚未浸出的有机结合态重金属重新释放，从而对水质造成二次污染。

图 5.1 和图 5.2 表示了有效态重金属在底泥深度方向上的分布情况，由于检测时部分河道 Cd 和 As 含量低于检测限，所以图中并未画出低于检测限的数据。

由图 5.1 和图 5.2 可知，Cd 的生物有效态含量在纵向上变化不大。东港仅表面能检测到，表面下 $10\sim70cm$ 所测得的数据均低于检测限；乌沙漾港表面至表面下 70cm Cd 含量为 $1.4442\sim1.4486$；黄家汇也仅表层底泥能浸出有效态 Cd，表面下 $10\sim80cm$ 所测得的数据均低于检测线。对于有效态 Cd 来说，其在底泥纵向上的累积变化不大，且主要累

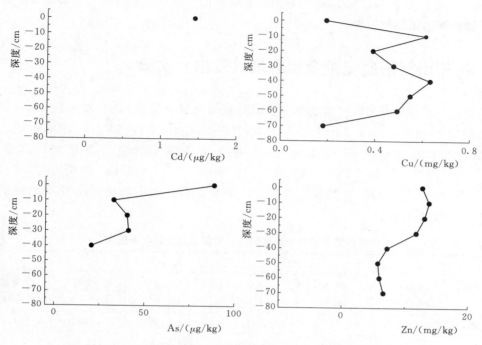

图 5.1　东港河道底泥有效态 Cd、Cu、As、Zn 垂向分布图

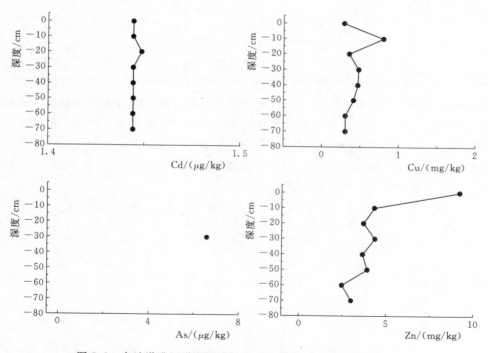

图 5.2　乌沙漾港河道底泥有效态 Cd、Cu、As、Zn 垂向分布图

积在表层底泥中。而 Cu、As、Zn 生物有效态在垂向上的变化较明显，主要呈表层多、底层少，随深度的增加而减少。

5.3 杭州市河道底泥重金属释放（浸出）实验

杭州市经济技术开发区河道底泥重金属总量与浸提量见表 5.2，有效态 Cd、Cu、Zn 含量分别为 0～14.8820μg/kg、2.2920～7.7755mg/kg、13.4597～27.6698mg/kg，平均值分别为 7.07μg/kg、4.53mg/kg、20.38mg/kg，有效态含量与总量的比值分别为 0.002%～0.347%、11.29%～76.42%、2.944%～26.871%，平均值为 0.18%、41.99%、14.00%，因此 Cu 的浸出率最大，其次为 Zn，最小的是 Cd，说明相较于其他重金属，Cu 更易浸出。

表 5.2　　　　　　　　杭州市经济技术开发区河道底泥重金属总量与浸提量

河道名称	Cd		Cu		Zn	
	总量 /(mg/kg)	浸提量 /(μg/kg)	总量 /(mg/kg)	浸提量 /(mg/kg)	总量 /(mg/kg)	浸提量 /(mg/kg)
石塘河	3.3592	—	22.9818	2.5956	130.5250	16.8044
幸福河	3.2073	11.1396	18.1284	4.7819	102.9735	27.6698
护塘河	2.3820	—	2.9993	2.2920	105.4750	13.4597
德胜河	3.2411	2.1980	13.0000	2.7211	156.0595	17.8034
月雅河	3.6003	0.0660	15.8460	7.0282	179.0230	21.2641
21 号渠	4.9411	14.8820	10.7179	7.7755	277.2739	22.7393
新华河	6.3052	—	16.4168	4.4889	778.1180	22.9052

实验结果显示，杭州市经济技术开发区河道底泥重金属生物有效态占总量的比例相对于平湖市河道底泥较大。有效态重金属在底泥中的垂向分布如图 5.3 所示，由于检测时部分河道 Cd 和 As 含量低于检测限，图中并未画出。由图 5.4 可知，Cd、Cu、As、Zn 四种金属在垂向上的变化呈现出表层高、底层低的现象，且重金属含量主要累积于表层底泥，同一河道四种金属的变化趋势大致相同。

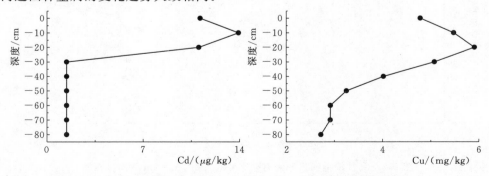

图 5.3（一）　幸福河底泥中有效态 Cd、Cu、As、Zn 垂向分布图

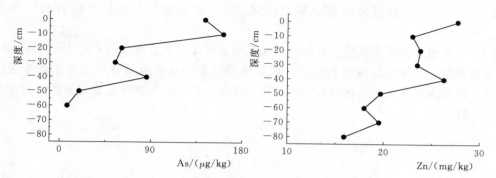

图 5.3（二）　幸福河底泥中有效态 Cd、Cu、As、Zn 垂向分布图

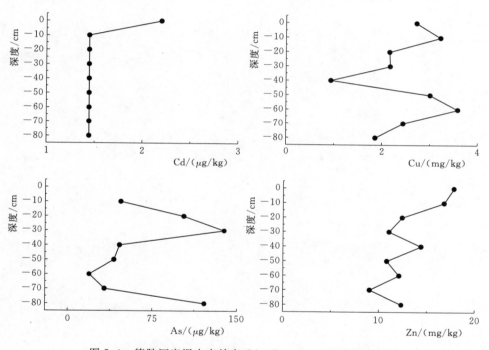

图 5.4　德胜河底泥中有效态 Cd、Cu、As、Zn 垂向分布图

5.4　小结

（1）平湖市河道底泥中有效态重金属含量占总量的比例普遍较小。平湖市钟埭街道河道底泥中 Cd、Cu、Zn 有效态含量分别占其底泥重金属总量的比例为 0.021%～0.042%，0.447%～3.161%，0.260%～7.469%，平均值分别为 0.030%，1.827%，3.237%，可见重金属有效态含量在总量中的比例非常小。

（2）杭州市河道底泥中有效态重金属含量占总量的比例因重金属类别而异，差别较大。杭州市经济开发区河道底泥中 Cd、Cu、Zn 重金属有效态含量与总量的比值分别为 0.002%～0.347%、11.29%～76.42%、2.944%～26.871%，平均值为 0.18%、

41.99％、14.00％，河道底泥重金属 Cu、Zn 的有效态含量在总量中所占的比例相对较大。

（3）平湖市及杭州市研究区域内河道底泥中通过 TCLP 法浸出的 Cd、Cu、As、Zn 四种金属在垂向上的变化呈现出表层高、底层低的现象，且重金属含量主要累积于表层底泥，同一河道四种金属的变化趋势大致相同，这与河道底泥重金属总量在垂向上的变化趋势较为一致。

第 6 章

基于重金属潜在生态风险的河流 疏浚深度计算方法

为了克服"拐点法"确定疏浚深度由于人为的主观性影响的不足,本书在前述现场调查分析和室内实验研究的基础上,试图寻求一种能定量计算河道底泥环保疏浚深度的科学计算方法。

从生态风险的角度看,河湖底泥中逐渐累积的重金属会对上覆水体产生潜在的生态风险,这种风险大小不仅与底泥中重金属含量高低有关,也与不同重金属产生的毒性水平有关,底泥环保疏浚的目标也就是将这种生态风险控制在一定水平以下。基于这点考虑,编者提出基于底泥潜在生态风险的环保疏浚深度确定方法,基本思路为:以河道底泥重金属污染潜在生态危害分级标准为依据,通过分析单一或多种重金属元素的潜在生态风险在河道底泥中垂向变化情况,来确定河道底泥中目标污染物的环保疏浚深度。而河道底泥重金属潜在生态风险的确定方法可采用由瑞典科学家 Hakanson 提出的潜在生态风险指数法(the potential ecological risk index,PERI),该方法在研究沉积物中重金属对环境影响的评价时,可反映出一种或多种重金属元素的综合影响,并可定量地划分出潜在生态风险的程度。

6.1 基于重金属 PERI 的河流疏浚深度计算方法研究

6.1.1 河道底泥中重金属潜在生态风险计算方法

河道底泥重金属潜在生态风险的计算方法采用由瑞典科学家 Hakanson 提出的潜在生态风险指数法[48]。由前面研究可知,平湖市和杭州市研究区域内河道底泥中 Cu、Zn、Pb、Cd、Ni、As 六种重金属均存在累积效应。

1. 单一重金属潜在生态风险指数的计算公式

单一重金属潜在生态风险指数的计算公式见式(6.1):

$$E_r^i = T_r^i C_f^i \tag{6.1}$$

$$C_f^i = \frac{C_h^i}{C_n^i} \tag{6.2}$$

式中　E_r^i——第 i 种重金属潜在生态风险指数;

　　　T_r^i——第 i 种重金属的毒性响应系数,反映其毒性水平和生物对其污染的敏感程度,见表 6.1;

C_f^i——第 i 种重金属污染系数；

C_h^i——深度 h 处的底泥重金属实测值；

C_n^i——计算所需的参比值，此处采用土壤环境背景值[79]，可以相对反映出各采样
点底泥的污染程度，见表 6.1。

表 6.1　　河道底泥重金属土壤背景值及毒性响应参数[48]

重金属	Zn	As	Ni	Pb	Cd	Cu
C_n^i	110	10.0	41.1	38.2	0.206	40.8
T_r^i	1	10	5	5	30	5

2. 多种重金属综合潜在生态风险指数的计算公式

多种重金属的综合潜在生态风险指数 RI 计算公式见式（6.3）：

$$RI = \sum_{i=1}^{n} E_r^i = \sum_{i=1}^{n} T_r^i \times C_f^i \tag{6.3}$$

根据重金属潜在生态风险指数，可将河道底泥重金属潜在生态风险的程度定量地划分为低风险、中风险、较高风险、高风险、很高风险五个等级，具体划分标准见表 6.2。反之，可根据河道底泥重金属潜在生态风险控制目标值，由表 6.2 查得重金属潜在生态风险指数控制值。

表 6.2　　潜在生态风险指数污染等级划分[48]

单一污染物潜在生态风险指数 E_r^i		综合潜在生态风险指数 RI	
阈值区间	程度分级	阈值区间	程度分级
$E_r^i < 40$	低风险	$RI < 150$	低风险
$40 \leq E_r^i < 80$	中风险	$150 \leq RI < 300$	中风险
$80 \leq E_r^i < 160$	较高风险	$300 \leq RI < 600$	较高风险
$160 \leq E_r^i < 320$	高风险	$600 \leq RI < 1200$	高风险
$E_r^i \geq 320$	很高风险	$RI \geq 1200$	很高风险

6.1.2　重金属底泥疏浚深度计算方法

编者课题组基于对河道底泥重金属潜在生态风险评估结果，提出了基于临界风险的河道底泥环保疏浚深度计算方法，具体方法如下。

1. 基于单一重金属污染物潜在生态风险的环保疏浚深度计算方法

基于单一重金属污染物潜在生态风险指数确定环保疏浚深度的计算，采用式（6.4）：

$$h_{max}^a = \max\{h_0^i\}, i = 1, 2, \cdots, n \tag{6.4}$$

$$\begin{cases} E_r^i(h) > C_0, & h < h_0^i \\ E_r^i(h) = C_0, & h = h_0^i \\ E_r^i(h) < C_0, & h > h_0^i \end{cases} \tag{6.5}$$

式中　h_{max}^a——根据单一重金属污染物潜在生态风险指数计算出的环保疏浚深度；

h_0^i——第 i 种重金属的临界风险深度，具体可根据式（6.5）利用作图法（作出潜在生态风险指数在垂直深度方向的变化图，找出其与风险控制等级值

线的交点，交点处底泥深度即为临界风险深度），或根据式（6.5）利用不同深度处潜在生态风险指数值进行数据插值计算得到；

　　n——重金属元素的数量；

　　$E_r^i(h)$——第 i 种重金属在底泥深度 h 处的潜在生态风险指数，其取值见表 6.2；

　　C_0——单一重金属潜在风险控制等级值。

2. 基于多种重金属污染物的潜在生态风险环保疏浚深度计算方法

$$h_{max}^b = h_0 \tag{6.6}$$

$$\begin{cases} RI(h) > C_0, & h < h_0 \\ RI(h) = C_0, & h = h_0 \\ RI(h) < C_0, & h > h_0 \end{cases} \tag{6.7}$$

式中　h_{max}^b——根据多种重金属污染物潜在生态风险指数计算出的环保疏浚深度；

　　h_0——临界风险深度，可根据式（6.7）利用作图法或数据插值计算得到，具体方法同前；

　　$RI(h)$——底泥深度 h 处的重金属综合潜在生态风险指数；

　　C_0——多种重金属综合潜在风险控制等级，其取值参见表 6.2。

6.2　基于地累积指数法的河流疏浚深度计算方法研究

6.2.1　底泥重金属潜在生态风险计算

　　地累积指数 I_{geo}（index of geoaccumulation）是用来定量评价沉积物中重金属地质累积的指标[43]，计算公式为

$$I_{geo} = \log_2[C_n/(K \times B_n)] \tag{6.8}$$

式中　C_n——所分析元素在底泥中的含量；

　　B_n——当地岩石中该元素的地球化学背景值；

　　K——考虑当地岩石差异可能会引起的背景值的变化而取的系数，一般取值为 1.5。

　　地累积指数包括从未污染到极强污染共 7 个级别，I_{geo} 值与污染程度的对应关系见表 6.3。

表 6.3　　　　　　　　　　　　　　　　地累积指数与污染程度分级

I_{geo} 值	级　数	污染程度
<0	0	无
0～1	1	无～中
1～2	2	中
2～3	3	中～强
3～4	4	强
4～5	5	强～极强
>5	6	极强

6.2.2　重金属底泥疏浚深度计算方法

本书基于底泥中重金属的地累积指数评价结果，提出临界累积深度方法，以方便和快速地确定出合理的环保疏浚深度。

$$h_{\max} = \max\{h_0^i\}, i = 1, 2, \cdots, n \tag{6.9}$$

$$\begin{cases} I_{\text{geo}}^i(h) > C_0, & h < h_0^i \\ I_{\text{geo}}^i(h) = C_0, & h = h_0^i \\ I_{\text{geo}}^i(h) < C_0, & h > h_0^i \end{cases} \tag{6.10}$$

式中　$h_{\max}$——所求的底泥环保疏浚深度；

$\quad\quad h_0^i$——第 i 种重金属的临界累积深度；

$\quad\quad n$——重金属元素的数量；

$\quad I_{\text{geo}}^i(h)$——第 i 种重金属在底泥深度 h 处的地累积指数；

$\quad\quad C_0$——累积控制等级，此处取值为 2，即地累积指数等级控制在中等以下。

6.3　平湖市基于重金属 PERI 河道底泥环保疏浚深度计算

6.3.1　底泥重金属潜在生态风险计算

图 6.1 为平湖市钟埭街道松北河、对凤浜、徐家浜、乌沙漾港、黄家汇、义项港、东港、韩家桥港、腾家桥港、长塘共十条河道的底泥单一重金属潜在生态风险指数 E_r^i 和综合潜在生态风险指数 RI 随深度的变化图。

由图 6.1 可知，平湖市研究区域内河道底泥重金属 Cd 的潜在风险最大，其潜在生态风险指数均大于 320，潜在风险等级为很高风险；Cu、Zn、Pb、Ni 的潜在生态风险指数均小于 40，潜在风险等级为低风险；研究区域内河道的综合潜在生态风险指数 RI 为 400~1200，综合潜在风险等级为较高风险~高风险。

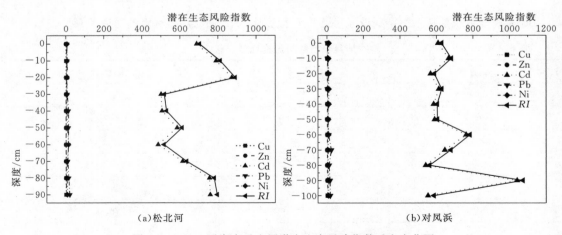

（a）松北河　　　　　　　　　　（b）对凤浜

图 6.1（一）　平湖市重金属潜在生态风险指数垂向变化图

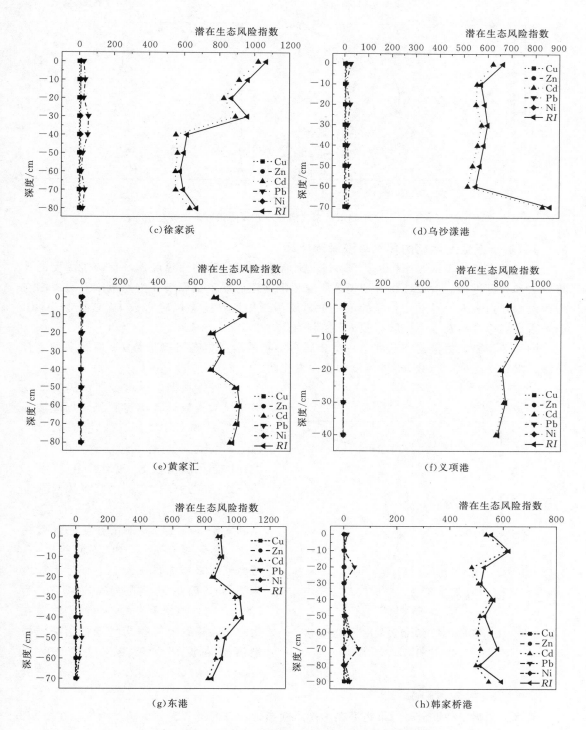

图 6.1（二） 平湖市重金属潜在生态风险指数垂向变化图

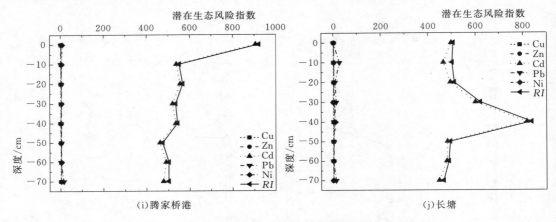

(i) 腾家桥港　　　　　　　　　　　　　(j) 长塘

图 6.1 (三)　平湖市重金属潜在生态风险指数垂向变化图

6.3.2　基于重金属污染的环保疏浚深度计算

以平湖市钟埭街道腾家桥港为例，来说明基于临界风险的河道底泥环保疏浚深度的计算方法和计算过程。假设要将钟埭街道腾家桥港河道底泥重金属潜在生态风险等级控制在中等以内，由表 6.2 可知，相应的单一重金属污染物潜在生态风险指数 E_r^i 值控制为 80，多种重金属综合潜在生态风险指数 RI 控制为 300。

图 6.2 为腾家桥港河道底泥单一重金属污染物的潜在生态风险指数 E_r^i 值和多种重金属综合潜在生态风险指数 RI 随深度的垂向变化图。

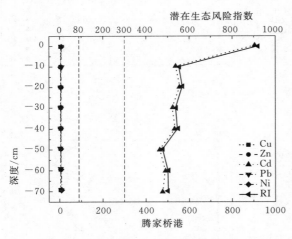

图 6.2　平湖市钟埭街道腾家桥港重金属潜在风险指数垂向变化图

首先，根据单一重金属污染物潜在生态风险指数计算河道底泥环保疏浚深度。在图 6.2 中，腾家桥港 Cu、Zn、Pb、Ni 的潜在生态风险指数均小于 80，潜在生态风险指数 E_r^i 变化线在 $E_r^i = 80$ 等值线的左边，故它们的临界风险深度 h_0^1、h_0^2、h_0^3、h_0^4 均为 0cm；Cd 的 E_r^i 值全部大于 80，即 Cd 的潜在生态风险指数 E_r^i 变化线在 $E_r^i = 80$ 等值线以右，考虑到受采样条件限制，取样最大深度为 70cm，因此 Cd 的临界风险深度 h_0^5 为 70cm。则，根据单一重金属污染物潜在生态风险指数计算得出钟埭街道腾家桥港河道底泥环保疏浚深度为 $h_{max}^a = \max\{h_0^1, h_0^2, h_0^3, h_0^4, h_0^5\} = \max \{0,$ 0，0，0，70} ＝70 (cm)。

其次，根据多种重金属污染物潜在生态风险指数计算河道底泥环保疏浚深度。在图 6.2 中，多种重金属综合潜在生态风险指数 RI 值大于 300，即综合潜在生态风险指数 RI 变化线在 $RI = 300$ 等值线以右，考虑到受采样条件限制，取样最大深度为 70cm，则根据多种重金属污物潜在生态风险指数计算得出钟埭街道腾家桥港河道底泥环保疏浚深度为 $h_{max}^b = 70cm$。最后，取 h_{max}^a 和 h_{max}^b 的最大值 70cm 作为钟埭街道腾家桥港河道底泥的环保疏浚深度。

按照前述同样方法计算出平湖市研究区域内河道底泥环保疏浚深度计算结果列于表 6.4。由表 6.4 可知，平湖市研究区域内河道以重金属作为目标污染物的底泥推荐疏浚深度为 40~100cm，不同河道的推荐疏浚深度不同。

表 6.4　　　　平湖市研究区域河道底泥环保疏浚深度计算结果

采样点	河道	基于单一重金属污染物的环保疏浚深度 h_{max}^1 /cm					h_{max}^2 /cm	疏浚深度 /cm
		Cu	Zn	Pb	Cd	Ni		
1	松北河	0	0	0	90	0	90	90
2	徐家浜	0	0	0	80	0	80	80
3	乌沙漾港	0	0	0	70	0	70	70
4	对凤浜	0	0	0	100	0	100	100
5	黄家汇	0	0	0	80	0	80	80
6	东港	0	0	0	70	0	70	70
7	义项港	0	0	0	40	0	40	40
8	腾家桥港	0	0	0	70	0	70	70
9	长塘	0	0	0	70	0	70	70
10	韩家桥港	0	0	0	90	0	90	90

6.4　杭州市基于重金属 PERI 河道底泥环保疏浚深度计算

6.4.1　底泥重金属潜在生态风险计算

杭州市经济技术开发区内经三河、北闸河、新建河、翁盘河、五一河、2 号渠、高教景观渠、1 号渠、护塘河、20 号渠、12 号渠、6 号渠共 12 条河道的底泥单一重金属潜在生态风险指数 E_r^i 及综合潜在生态风险指数 RI 随深度的变化如图 6.3 所示。

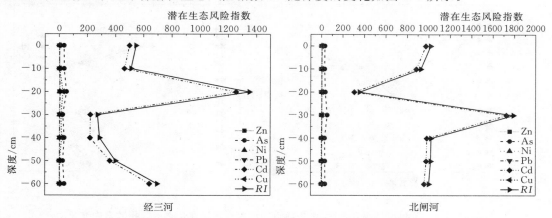

图 6.3（一）　杭州市经济开发区 12 条河道底泥重金属潜在生态风险指数垂向变化图

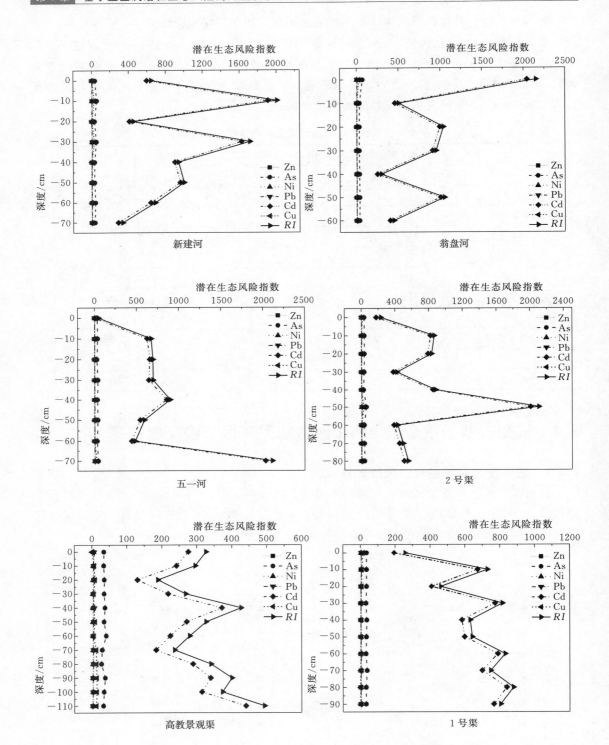

图 6.3（二） 杭州市经济开发区 12 条河道底泥重金属潜在生态风险指数垂向变化图

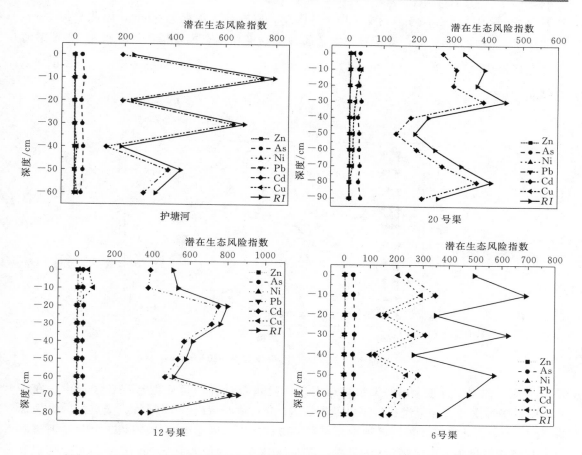

图 6.3（三）　杭州市经济开发区 12 条河道底泥重金属潜在生态风险指数垂向变化图

由图 6.3 可以看出，杭州市研究区域内河道底泥以 Cd 污染为主，重金属 Cd 的潜在风险最大，所有采样河道的潜在生态风险指数均大于 320，其潜在生态风险程度为很高风险；部分河道 Cu 污染为中～较高风险；其他重金属的潜在生态风险指数均小于 40，潜在生态风险等级为低风险。

6.4.2　基于重金属污染的环保疏浚深度计算

以杭州市经济技术开发区 12 号渠为例，来说明基于临界风险的河道底泥环保疏浚深度的计算方法和计算过程。同样，假设要控制 12 号渠底泥重金属潜在生态风险等级为中等以内，相应的单一重金属污染物潜在生态风险指数 E_r^i 值控制为 80，多种重金属综合潜在风险指数 RI 为 300。

图 6.4 为 20 号渠河道底泥单一重金属污染物的潜在生态风险指数 E_r^i 值和多种重金属综合潜在生态风险指数 RI 随深度的垂直变化图。

首先，根据单一重金属污染物潜在生态风险指数计算河道底泥环保疏浚深度。在图 6.4 中，Cu、Zn、Pb、Ni、As 的潜在生态风险指数 E_r^i 变化线与 $E_r^i = 80$ 等值线以左，故它们的临界风险深度 h_0^1、h_0^2、h_0^3、h_0^4、h_0^5 均为 0cm。Cd 的潜在生态风险指数 E_r^i 变化线

在 $E_r^i = 80$ 等值线以右，考虑到受采样条件限制，取样最大深度为 90cm，因此 Cd 的临界风险深度 h_0^6 为 90cm。则，根据单一重金属污染物潜在生态风险指数计算得出 12 号渠河道底泥环保疏浚深度为 $h_{max}^a = \max\{h_0^1, h_0^2, h_0^3, h_0^4, h_0^5, h_0^6\} = \max \{0, 0, 0, 0, 0, 90\}$ = 90cm。

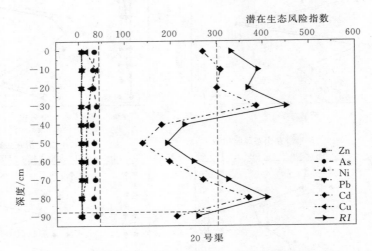

图 6.4　杭州市经济开发区 12 号渠环保疏浚深度计算图

其次，根据多种重金属污染物潜在生态风险指数计算河道底泥环保疏浚深度。在图 6.4 中，多种重金属综合潜在生态风险指数 RI 变化线与 $RI = 300$ 等值线交点处的纵坐标值为 87cm，由此可知，根据多种重金属污染物潜在生态风险指数计算得出 20 号渠河道底泥环保疏浚深度为 $h_{max}^b = 87cm$。最后，取 h_{max}^a 和 h_{max}^b 的最大值 90cm 作为 20 号渠河道底泥的环保疏浚深度。

最后，用同样的办法计算出杭州市经济技术开发区其他采样点的环保疏浚深度，详见表 6.5。由表 6.5 可知，杭州市研究区域内河道以重金属作为目标污染物的底泥环保疏浚深度为 60～110cm。

表 6.5　　　　　　杭州市经济开发区 12 条河道底泥环保疏浚深度计算结果

采样点编号	河道	基于单一重金属污染物的环保疏浚深度 h_{max}^a /cm						h_{max}^b /cm	疏浚深度 /cm
		Cu	Zn	Pb	Cd	Ni	As		
1	经三河	0	0	0	60	0	0	60	60
2	北闸河	0	0	0	60	0	0	60	60
3	新建河	0	0	0	70	0	0	70	70
4	翁盘河	0	0	0	60	0	0	60	60
5	五一河	0	0	0	70	0	0	70	70
6	2 号渠	0	0	0	80	0	0	80	80
7	高教景观渠	0	0	0	110	0	0	110	110
8	1 号渠	0	0	0	90	0	0	90	90

采样点编号	河道	基于单一重金属污染物的环保疏浚深度 h_{max}^a /cm						h_{max}^b /cm	疏浚深度 /cm
		Cu	Zn	Pb	Cd	Ni	As		
9	护塘河	0	0	0	60	0	0	60	60
10	20 号渠	0	0	0	90	0	0	87	90
11	12 号渠	10	0	0	80	0	0	80	80
12	6 号渠	70	0	0	70	0	0	70	70

6.5　杭州市基于重金属地累积指数河道底泥环保疏浚深度计算

6.5.1　底泥重金属地累积指数计算

计算中元素的地球化学背景值采用杭嘉湖平原土壤背景值，表 6.6 为根据杭州经济技术开发区河道底泥中重金属含量的测定值和地累积指数公式计算出的各采样点地累积指数。由表 6.6 可知，区内河道底泥中各重金属元素的富集程度为 Cd＞As＞Zn＞Pb＞Ni＞Cu，所有采样点的 Cd 已经达到 2～5 级，为中度污染至强～极强污染，部分采样点 Cd 已经达到 6 级，为极强污染，是河道底泥的主要污染物；所有采样点 As 也均达到中度污染；Cu 的污染程为中度污染至强～极强污染；Pb 和 Ni 的污染程度则基本上为无至无～中度污染。

表 6.6　　　　　　　　　各采样点底泥中重金属的地累积指数

采样点	I_{geo}											
	Zn		As		Ni		Pb		Cd		Cu	
	最大值	平均值	最大值	平均值	最大值	平均值	最大值	平均值	最大值	平均值	最大值	平均值
1	1.39	1.09	1.82	1.25	−0.08	−1.07	−0.08	−1.02	4.80	3.30	1.90	0.04
2	1.25	0.46	1.84	1.20	−1.01	−1.27	−0.70	−1.05	5.26	4.30	−1.06	−3.49
3	1.42	1.01	1.87	1.32	−0.75	−1.17	−0.07	−0.93	5.41	4.09	1.93	−1.41
4	1.27	0.63	2.21	1.32	−1.16	−1.32	−0.13	−1.07	5.51	3.97	1.82	−1.74
5	1.32	0.70	1.50	1.24	−0.85	−1.28	−0.39	−1.45	5.50	3.15	1.81	−1.77
6	1.37	0.75	1.96	1.25	−1.13	−1.31	0.03	−1.31	5.48	3.67	1.81	−2.62
7	1.48	1.25	1.45	1.19	−0.60	−1.18	−0.07	−0.79	3.29	2.54	0.90	−0.31
8	1.50	0.44	1.33	1.18	−0.72	−1.18	−0.49	−1.12	4.22	3.71	0.95	−1.72
9	1.41	1.01	1.43	1.15	−1.19	−1.30	−0.87	−1.56	4.05	2.75	0.73	−1.20
10	1.49	1.23	1.30	1.07	−0.52	−1.13	−0.31	−1.28	3.10	2.48	2.30	0.67
11	1.50	0.98	1.35	1.21	1.95	−0.68	−0.49	−1.04	4.18	3.55	3.53	−1.56
12	1.49	1.43	1.47	1.31	−0.49	−1.04	−0.38	−1.12	2.95	2.30	5.29	4.64
13	−0.27	−0.52	—	—	−0.29	−0.81	1.29	−0.30	3.44	3.05	−0.74	−2.61

采样点	I_{geo}											
	Zn		As		Ni		Pb		Cd		Cu	
	最大值	平均值	最大值	平均值	最大值	平均值	最大值	平均值	最大值	平均值	最大值	平均值
14	1.49	0.16	—	—	0.73	−0.72	0.89	−0.64	3.51	3.21	−1.01	−2.79
15	0.75	0.18	—	—	3.10	−0.56	1.79	0.42	3.61	3.45	−1.34	−3.50
16	1.96	1.04	—	—	−1.09	−1.64	0.73	−0.28	3.83	3.55	−1.51	−3.74
17	1.93	1.16	—	—	−1.09	−2.70	1.55	0.50	4.00	3.62	−2.51	−4.82
18	2.45	1.04	—	—	0.09	−2.80	1.82	0.32	4.35	4.05	−1.90	−4.01

6.5.2　基于重金属污染的环保疏浚深度计算

图 6.5 为采样点 20 号渠的底泥中六种重金属的临界累积深度计算图。由图中可见，重金属 Cu 的临界累积深度为 15cm，同理可计算出 Zn、As、Ni、Pb 的临界累积深度均为 0，由于采样条件限制，仅能采集到 90cm 处，而 Cd 的 $I_{geo}^i(90) > 2$，因此 20 号渠的环保疏浚深度 h_{max} 为 90cm。其他采样点的临界累积深度和环保疏浚深度的计算结果列于表 6.7。由表 6.7 可知，研究区域内河道以重金属作为目标污染物的底泥推荐疏浚深度为 0～90cm。

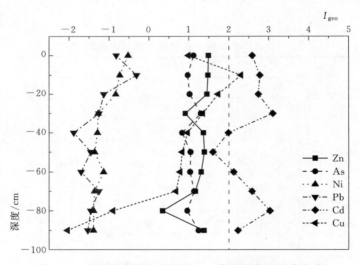

图 6.5　20 号渠底泥重金属的 I_{geo} 值随深度的垂直变化

表 6.7　　　　　　　杭州经济技术开发区河道底泥环保疏浚深度计算结果

采样点	临界累积深度/cm						推荐疏浚深度 h_{max} /cm
	Zn	As	Ni	Pb	Cd	Cu	
1	0	0	0	0	60	0	60
2	0	0	0	0	60	0	60
3	0	0	0	0	70	0	70

续表

采样点	临界累积深度/cm						推荐疏浚深度 h_{max} /cm
	Zn	As	Ni	Pb	Cd	Cu	
4	0	10	0	0	60	0	60
5	0	0	0	0	0	0	0
6	0	0	0	0	0	0	0
7	0	0	0	0	10	0	10
8	0	0	0	0	90	0	90
9	0	0	0	0	60	0	60
10	0	0	0	0	30	20	30
11	0	0	0	0	80	10	80
12	0	0	0	0	10	70	70
13	0	—	0	0	70	0	70
14	0	—	0	0	80	0	80
15	0	—	80	0	80	0	80
16	0	—	0	0	50	0	50
17	0	—	0	0	80	0	80
18	60	—	0	0	80	0	80

第 7 章

基于多环芳烃潜在生态风险的河流
疏浚深度计算方法

本书提出的基于平均效应区间中值商法的环保疏浚深度计算方法包括以下两个步骤。首先，根据 Long 等提出的平均效应区间中值商法，计算不同深度下柱状底泥样品中多环芳烃的生态风险；然后以 PAHs 综合生态风险分级标准为依据，根据式（7.2）和式（7.3）计算河道底泥疏浚深度。具体方法如下所述。

7.1 河流疏浚深度计算方法

7.1.1 河道底泥中多环芳烃潜在生态风险计算方法

底泥中多环芳烃的潜在生态风险可由平均效应区间中值商法（mean-ERM-q）计算得到，其数值 $m-ERM-q$ 的计算方法如下：

$$m - ERM - q = \frac{\sum_{i=1}^{n} C_i / ERM_i}{n} \tag{7.1}$$

式中　C_i——底泥中单个多环芳烃的浓度，ng/g；

$\qquad n$——多环芳烃个数；

ERM_i——单个多环芳烃的 ERM 值，具体各多环芳烃的 ERM 值列于表 7.1。

表 7.1　　　　　　　　　　多环芳烃的底泥质量标准　　　　　　　　　　单位：ng/g

污　染　物	ERM	污　染　物	ERM
AC	500	BaA	1600
ACY	640	BaP	1600
An	1100	Chry	2800
Flu	540	DhA	260
NaP	2100	Fl	5100
Phe	1500	Py	2600
ΣPAHs	44792		

当 $mean-ERM-q$ 分别小于 0.1、0.1～0.5、0.5～1.5 和大于 1.5 时，多环芳烃产生毒性的概率分别为 12%、30%、46% 和 74%，分别对应低风险、中低风险、中高风险和

高生态风险。

7.1.2 多环芳烃底泥疏浚深度计算方法

基于研究区域内多环芳烃的垂直分布状态和由 $m\text{-}ERM\text{-}q$ 评估的得到的潜在生态风险值，可以建立河道底泥的最佳环保疏浚深度的计算方法，如式（7.2）、式（7.3）所示。由于底泥中多环芳烃的含量和生态风险在垂直方向上呈现不规则的变化趋势，生态风险曲线与风险控制水平 D_0 之间可能存在多个满足条件的 h_i，则选择最大的 h_i，即最大深度为最佳的环保疏浚深度 H。

$$H = \max\{h_i\} \tag{7.2}$$

$$\begin{cases} D(h_i + \varepsilon) < D_0 \\ D(h_i) = D_0 \\ D(h_i - \varepsilon) > D_0 \end{cases} \tag{7.3}$$

式中　h_i——满足式（7.3）的所有底泥深度，m；

　　　　H——河道底泥的最佳环保疏浚深度，m；

　　　　$\pm\varepsilon$——h_i 上下一定深度范围；

　　　　D_0——底泥中多环芳烃的生态风险控制水平；

　　$D(h_i)$——河道深度为 h_i 时所对应的生态风险。

本研究将风险控制水平 D_0 设为 0.1，即将生态风险控制在低毒性。

7.2　河流底泥多环芳烃潜在生态风险评估

9 条河道底泥样品中多环芳烃的最大生态风险及其组成情况列于表 7.2 和图 7.1，其中 $m\text{-}ERM\text{-}q$ 为各底泥样品在垂直方向上的最大值。韩家桥港河道样品的 $m\text{-}ERM\text{-}q$ 为 0.52，表示发生生态污染的风险为中高水平，而徐家浜、对凤浜、长塘和乌沙漾港河道的 $m\text{-}ERM\text{-}q$ 在 0.10 到 0.29 范围内，有中低水平的概率造成生态污染，其余河道的 $m-ERM-q$ 数值小于 0.10，为低风险。

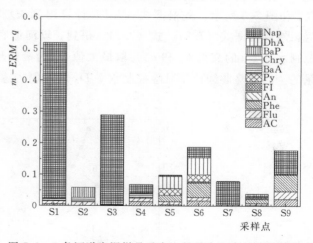

图 7.1　9 条河道底泥样品垂向上的最大生态风险及其组成

本研究还考虑到了单个多环芳烃对总多环芳烃生态风险的贡献率问题。在韩家桥港、徐家浜、腾家桥港、松北河和乌沙漾港河道样品中，萘是垂直方向上的主要污染物，分别占 95.23％、98.86％、37.42％、94.15％和 42.10％。其中占韩家桥港、徐家浜、松北河的比例高达 90％以上。对于对凤浜和长塘河道而言，二苯并（a，n）蒽是主要污染物，其对多环芳烃总生态风险的贡献率分别达到了 38.44％和 28.16％，菲和芘的含量也相对较高。东港河道的主要污染物是苯并（a）芘，其贡献率达到了 53.07%。黄家汇河道含量最多的菲也有 37.51% 的贡献率。可见不同多环芳烃对于河道底泥污染的情况也不尽相同。

表 7.2　　　　　　　9 条河道底泥样品垂向上的最大生态风险及其组成

PAHs	韩家桥港	东港	徐家浜	腾家桥港	对凤浜	长塘	松北河	黄家汇	乌沙漾港
$m-ERM-q$	0.52	0.06	0.29	0.07	0.10	0.19	0.08	0.04	0.18
NaP/%	95.23	—	98.86	37.42	3.77	18.07	94.15	22.58	42.10
AC/%	1.28	—	—	21.68	5.95	9.01	—	9.61	13.23
Flu/%	1.77	1.77	0.81	16.62	8.48	6.24	5.85	12.81	13.72
Phe/%	0.32	—	—	3.07	21.12	21.12	—	37.51	29.52
An/%	—	—	—	—	—	—	—	—	—
Fl/%	—	—	—	—	—	2.72	—	10.23	1.42
Py/%	—	—	—	—	21.85	11.88	—	—	—
BaA/%	1.23	23.74	—	16.59	—	—	—	—	—
Chry/%	0.16	—	0.34	0.96	—	—	—	—	—
BaP/%	—	53.07	—	3.66	—	—	—	—	—
DhA/%	—	—	—	—	38.44	28.16	—	7.26	—

7.3　基于多环芳烃污染的环保疏浚深度计算

本书以长塘和黄家汇河道采集的样品为例，演示底泥环保疏浚深度的计算方法。如图 7.2 和图 7.3 所示，先根据式（7.1）计算得到长塘河道底泥不同深度处的 $m-ERM-q$ 值，然后根据式（7.2）、式（7.3），得到长塘河道底泥的 $m-ERM-q$ 的垂向曲线与风险控制水平 D_0 的交点 h_1 和 h_2，取最大值 h_2 为最佳环保疏浚深度。对于 S8 河道而言，底泥的生态风险曲线位于风险控制水平 D_0 的左侧，意味着黄家汇河道底泥当前的生态风险

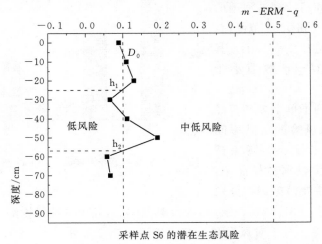

图 7.2　平湖市长塘河道多环芳烃环保疏浚深度计算图

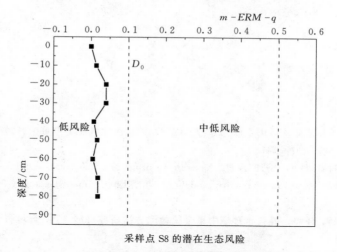

采样点 S8 的潜在生态风险

图 7.3　平湖市黄家汇河道多环芳烃环保疏浚深度计算图

在控制水平以下，无需进行疏浚工作。根据同样的方法，可计算得到韩家桥港、徐家浜、对凤浜、长塘和乌沙漾港河道的环保疏浚深度，分别为 90cm、60cm、80cm、57cm 和 70cm，而其余四条河道则无疏浚必要。

参 考 文 献

［1］ 李玉，俞志明，宋秀贤．运用主成分分析（PCA）评价海洋沉积物中重金属污染来源［J］．环境科学，2006，27（1）：137－141.

［2］ BIBI M H, AHMED F, ISHIGA H. Assessment of metal concentrations in lake sediments of southwest Japan based on sediment quality guidelines［J］. Environment Geology, 2007, 52（4）：625－639.

［3］ 孙博思，赵丽娇，任婷，等．水环境中重金属检测方法研究进展［J］．环境科学与技术，2012，35（7）：157－174.

［4］ FERNANDES M B, SICRE M－A, BOIREAU A, et al. Polyaromatic hydrocarbon（PAH）distributions in the Seine River and its estuary［J］. Marine Pollution Bulletin, 1997, 34（11）：857－867.

［5］ CAO Z G, LIU J L, LUAN Y, et al. Distribution and ecosystem risk assessment of polycyclic aromatic hydrocarbons in the Luan River, China［J］. Ecotoxicology, 2010, 19（5）：827－837.

［6］ SUKHDHANE K S, PANDEY P K, VENNILA A, et al. Sources, distribution and risk assessment of polycyclic aromatic hydrocarbons in the mangrove sediments of Thane Creek, Maharashtra, India［J］. Environ Monit Assess, 2015, 187（5）：274.

［7］ CHEN C F, CHEN C W, JU Y R, et al. Vertical profile, source apportionment, and toxicity of PAHs in sediment cores of a wharf near the coal－based steel refining industrial zone in Kaohsiung, Taiwan［J］. Environmental Science And Pollution Research, 2016, 23（5）：4786－4796.

［8］ DING T, TIAN Y－J, LIU J－B, et al. Calculation of the environmental dredging depth for removal of river sediments contaminated by heavy metals［J］. Environmental Earth Sciences, 2015, 74（5）：4295－4302.

［9］ LI T, SUN G H, MA S Z, et al. Inferring sources of polycyclic aromatic hydrocarbons（PAHs）in sediments from the western Taiwan Strait through end－member mixing analysis［J］. Marine Pollution Bulletin, 2016, 112（1－2）：166－176.

［10］ MA W－L, LIU L－Y, QI H, et al. Polycyclic aromatic hydrocarbons in water, sediment and soil of the Songhua River Basin, China［J］. Environmental monitoring and assessment, 2013, 185（10）：8399－8409.

［11］ DUYUSEN E G, GORKEM A. Comparison of Acid Digestion Techniques To Determine Heavy Metals In Sediment And Soil Samples［J］. Gazi University Journal of Science, 2011, 24（1）：29－34.

［12］ 陈皓，何瑶，陈玲，等．土壤重金属监测过程及其质量控制［J］．中国环境监测，2010，26（5）：40－43.

［13］ BETTINELLI M, BEONE G M, SPEZIA S, et al. Determination of heavy metals in soils and sediments by microwave－assisted digestion and inductively coupled plasma optical emission spectrometry analysis［J］. Analytica Chimica Acta, 2000, 424（2）：289－296.

［14］ 宋洪强，郝云彬，吴益春，等．原子荧光光度法中湿法消解、微波消解、干灰化前处理法测定水产品中总砷含量的比较［J］．浙江海洋学院学报（自然科学版），2010，29（4）：367－372.

［15］ 田衍，邢书才，杨郡，等．土壤/沉积物中重金属元素分析的前处理技术研究进展［J］．光谱实验

室，2012，29 (1)：247 - 251.

[16] 李海峰，王庆仁，朱永官，等．土壤重金属测定两种前处理方法比较 [J]．环境化学，2006，25 (1)：108 - 109.

[17] 金兴良，栾崇林，周凯，等．三种消解方法在测定近海沉积物中 Pb、Cu、Cd、Hg 及 As 的应用 [J]．分析试验室，2007，26 (1)：17 - 21.

[18] 田娟娟，杜慧娟，潘秋红，等．电热板消解与密闭罐消解对土壤中 49 种矿质元素 ICP - MS 法检测的影响 [J]．分析测试学报，2009，28 (3)：319 - 325.

[19] 黄智伟，王宪，邱海源，等．土壤重金属含量的微波法与电热板消解法测定的应用比较 [J]．厦门大学学报 (自然科学版)，2007 (S1)：103 - 106.

[20] 刘雷，杨帆，刘足根，等．微波消解 ICP - AES 法测定土壤及植物中的重金属 [J]．环境化学，2008，27 (4)：511 - 514.

[21] 王晓辉，张玉玲，刘娜，等．微波消解- ICP - MS 测定土壤样品中的重金属离子 [J]．光谱实验室，2008，25 (6)：1183 - 1187.

[22] 金梅荪．生物样品与有机物质在化学分析前的灰化预处理技术 [J]．辐射防护通讯，1988 (1)：55 - 61.

[23] 陈冠宁，宋志峰，魏春艳．重金属检测技术研究进展及其在农产品检测中的应用 [J]．吉林农业科学，2012，37 (6)：61 - 64，71.

[24] 许海，王洁琼，徐俊，等．土壤重金属测定中不同消解方法的比较 [J]．常州工学院学报，2008，21 (2)：70 - 74.

[25] 刘书田．生物与环境样品放化分析中样品的前处理方法 [J]．同位素，1993，6 (1)：57 - 64.

[26] 许海，王洁琼，徐俊，等．土壤重金属测定中不同消解方法的比较 [J]．常州工学院学报，2008，21 (2)：70 - 74.

[27] 薛澄泽．农业环境监测样品的预处理 [J]．农业环境保护，1993，12 (5)：238 - 240，212.

[28] 姚振兴，辛晓东，司维，等．重金属检测方法的研究进展 [J]．分析测试技术与仪器，2011，17 (1)：29 - 35.

[29] 武国华，陈艾亭，李龙．原子吸收光谱法在中草药微量元素及重金属分析中的应用 [J]．江苏科技大学学报 (自然科学版)，2012，26 (6)：615 - 623.

[30] 庄会荣，刘长增，陈继诚，等．原子吸收光谱法测定铅的进展 [J]．理化检验，2003，39 (7)：430 - 432.

[31] 张辉，唐杰．原子吸收光谱法测定蔬菜中的铁、锰、铜、铅和镉 [J]．光谱实验室，2011，28 (1)：72 - 74.

[32] ASHRAF W, SEDDIGI Z, ABULKBASH A, et al. Levels of selected metals in canned fish consumed in Kingdom of Saudi Arabia [J]. Environmental Monitoring and Assessment, 2006, 117 (1/3)：271 - 279.

[33] 吕彩云．重金属检测方法研究综述 [J]．资源开发与市场，2008，24 (10)：887 - 890，898.

[34] 刘延荣，曾君莲，徐晓东．乙醛-双环已酮草酰二腙光度法测定纯铝中的铜 [J]．冶金分析，2005，25 (1)：91 - 92.

[35] 姜瑞芬，张新申，张汪霞，等．分光光度法测定铜的最新进展 [J]．皮革科学与工程，2007，17 (1)：25 - 30.

[36] 罗雯，周继萌．人发中微量铜的测定-双乙醛草酰二腙分光光度法 [J]．成都大学学报 (自然科学版)，2003，22 (3)：31 - 33.

[37] 邱海鸥，郑洪涛，汤志勇．原子吸收及原子荧光光谱分析 [J]．分析试验室，2003，22 (1)：101 - 108.

[38] 何华焜，舒永红．原子吸收和原子荧光光谱分析 [J]．分析试验室，2007，26 (8)：106 - 122.

[39] 王亚，张春华，葛滢. 高效液相色谱-氢化物发生-原子荧光光谱法检测紫菜中的砷形态 [J]. 分析试验室，2013，32（5）：34-38.

[40] 史建波，廖春阳，王亚伟，等. 气相色谱和原子荧光联用测定生物和沉积物样品中的甲基汞 [J]. 光谱学与光谱分析，2006，26（2）：336-339.

[41] BARLAS N, AKBULUT N, AVDOQAN M. Assessment of heavy metal residues in the sediment and water samples of Uluabat Lake [J]. Bulletin of Environment Contamination and Toxicology, 2005, 74：286-293.

[42] 范拴喜，甘卓亭，李美娟，等. 土壤重金属污染评价方法进展 [J]. 中国农学通报，2010，26（17）：310-315.

[43] MULLER G. Index of geoaccumulation in sediments of the Rhine River [J]. Geojournal, 1969, 2（3）：108-118.

[44] 刘敬勇，常向阳，涂湘林，等. 广东某硫酸废渣堆渣场周围土壤铊污染的地累积指数评价 [J]. 土壤通报，2010，41（5）：1231-1236.

[45] FORSTNER U, AHLF W, CALMANO W. Sediment quality objectives and criteria development in Germany [J]. Water Science and Technology, 1993, 28（8）：307-309.

[46] BAUT M P, CHESSELET R. Variable influence of the atmospheric flux on the trace metal chemistry of oceanic suspended matter [J]. Earth and Planet Science Letters, 1979, 42：398-411.

[47] 霍文毅，黄风茹，陈静生，等. 河流颗粒物重金属污染评价方法比较研究 [J]. 地理科学，1997，17（1）：81-86.

[48] HANKANSON L. An ecological risk index for aquatic pollution control：a sedimentological approach [J]. Water Research, 1980, 14（8）：975-1001.

[49] 徐争启，倪师军，庹先国，等. 潜在生态危害指数法评价中重金属毒性系数计算 [J]. 环境科学与技术，2008，31（2）：112-115.

[50] 崔毅，辛福言，马绍赛，等. 乳山湾沉积物重金属污染及其生态危害评价 [J]. 中国水产科学，2005，12（1）：83-90.

[51] 尚英男，倪师军，张成江，等. 成都市河流表层沉积物重金属污染及潜在生态风险评价 [J]. 生态环境，2005，14（6）：827-829.

[52] OLIVA A L, QUINTAS P Y, La COLLA N S, et al. Distribution, Sources, and Potential Ecotoxicological Risk of Polycyclic Aromatic Hydrocarbons in Surface Sediments from Bahia Blanca Estuary, Argentina [J]. Arch Environ Contam Toxicol, 2015, 69（2）：163-72.

[53] MONTUORI P, AURINO S, GARZONIO F, et al. Polychlorinated biphenyls and organochlorine pesticides in Tiber River and Estuary：Occurrence, distribution and ecological risk [J]. Science of The Total Environment, 2016, 571：1001-1016.

[54] ZAKARIA M P, TAKADA H, TSUTSUMI S, et al. Distribution of polycyclic aromatic hydrocarbons (PAHs) in rivers and estuaries in Malaysia：a widespread input of petrogenic PAHs [J]. Environmental science & technology, 2002, 36（9）：1907-18.

[55] BASAVAIAH N, MOHITE R D, SINGARE P U, et al. Vertical distribution, composition profiles, sources and toxicity assessment of PAH residues in the reclaimed mudflat sediments from the adjacent Thane Creek of Mumbai [J]. Marine pollution bulletin, 2017.

[56] LONG E R, MACDONALD D D, SMITH S L, et al. Incidence of adverse biological effects within ranges of chemical concentrations in marine and estuarine sediments [J]. Environmental management, 1995, 19（1）：81-97.

[57] LONG E R, FIELD L J, MACDONALD D D. Predicting toxicity in marine sediments with numerical sediment quality guidelines [J]. Environmental Toxicology and Chemistry, 1998, 17（4）：714-

727.

[58] MCCREADY S, SLEE D, BIRCH G, et al. The distribution of polycyclic aromatic hydrocarbons in surficial sediments of Sydney Harbour, Australia [J]. Marine pollution bulletin, 2000, 40 (11): 999 - 1006.

[59] LIU A, LANG Y, XUE L, et al. Ecological risk assessment of PAHs in the costal surface sediments from Yellow Sea (rizhao city) [J]. Environmental Chemistry, 2008, 27 (6): 805 - 809.

[60] TUIKKA A I, LEPPÄNEN M T, AKKANEN J, et al. Predicting the bioaccumulation of polyaromatic hydrocarbons and polychlorinated biphenyls in benthic animals in sediments [J]. Science of The Total Environment, 2016, 563 - 564: 396 - 404.

[61] AZCUE J M, ZEMAN A J, ALENA M, et al. Assessment of sediment and porewater after one year of subaqueous capping of contaminated sediments in Hamilon Harbour, Canada [J]. Water Science & Technology, 1998, 37 (6~7): 323 - 329.

[62] 吴昊, 李大鹏, 刘成刚. 污染底泥掩蔽材料筛选综述 [J]. 四川环境, 2012, 31 (1): 114 - 117.

[63] 黄廷林, 杨凤英, 柴蓓蓓, 等. 水源水库污染底泥不同修复方法脱氮效果对比实验研究 [J]. 中国环境科学, 2012, 32 (11): 2032 - 2038.

[64] 周东美, 邓昌芬. 重金属污染土壤的电动修复技术研究进展 [J]. 农业环境科学学报, 2003, 22 (4): 505 - 508.

[65] LAGEMAN R. Electroreclamation application in the Netherlands [J]. Environmental Science & Technology, 1993, 27 (13): 2648 - 2650.

[66] 董汉英, 仇荣亮, 赵芝灏, 等. 工业废弃地多金属污染土壤组合淋洗修复技术研究 [J]. 土壤学报, 2010, 47 (6): 1126 - 1133.

[67] 郝汉舟, 陈同斌, 靳孟贵, 等. 重金属污染土壤稳定/固化修复技术研究进展 [J]. 应用生态学报, 2011, 22 (3): 816 - 824.

[68] 金相灿, 荆一凤, 刘文生, 等. 湖泊污染底泥疏浚工程技术——滇池草海底泥疏挖及处置 [J]. 环境科学研究, 1999, 12 (5): 9 - 12.

[69] 姜霞, 王雯雯, 王书航, 等. 竺山湾重金属污染底泥环保疏浚深度的推算 [J]. 环境科学, 2012, 33 (4): 1189 - 1197.

[70] 龚春生. 城市小型浅水湖泊内源污染及环保清淤深度研究——以南京玄武湖为例 [D]. 江苏: 河海大学, 2007: 159 - 164.

[71] 张润宇, 王立英. 红枫湖后午沉积物磷形态与生物有效磷的垂向分布及疏浚深度推算 [J]. 地球与环境, 2012, 40 (4): 554 - 559.

[72] 王雯雯, 姜霞, 王书航, 等. 太湖竺山湾污染底泥环保疏浚深度的推算 [J]. 中国环境科学, 2011, 26 (3): 1013 - 1018.

[73] 何伟, 商景阁, 周麒麟, 等. 淀山湖底泥生态疏浚适宜深度判定分析 [J]. 湖泊科学, 2013, 25 (4): 471 - 477.

[74] 钟继承, 范成新. 底泥疏浚效果及环境效应研究进展 [J]. 湖泊科学, 2007, 19 (1): 1 - 10

[75] GUSTAVSON K E, BURTON G A, FRANCINGUES N R, et al. Evaluating the effectiveness of contaminated - sediment dredging [J]. Environmental Science & Technology, 2008, 42 (14): 5042 - 5047.

[76] GB/T 17141—1997 土壤质量 铅、镉的测定 石墨炉原子吸收分光光度法 [S].

[77] GB/T 17139—1997 土壤质量 镍的测定 火焰原子吸收分光光度法 [S].

[78] GB/T 17138—1997 土壤质量 铜、锌的测定 火焰原子吸收分光光度法 [S].

[79] 汪庆华, 董岩翔, 周国华, 等. 浙江省土壤地球化学基准值与环境背景值 [J]. 生态与农村环境, 2007, 23 (2): 82 - 85.